好玩的数学（修订版）

国家科学技术进步奖二等奖获奖丛书
总署"向全国青少年推荐的百种优秀图书"
科学时报杯"科学普及与科学文化最佳丛书奖"

张景中 主编

数学志异

王树和 著

科学出版社
北京

内 容 简 介

本书主要内容包括数学悖论，第一次、第二次、第三次数学危机，哥德尔不可判定命题、混沌等非平凡问题；离散数学当中的有趣问题；数学思想与数学哲学当中的敏感问题等。如将来数学还会产生悖论与危机吗？尚未解决的数学难题是否为不可判定命题？既然是确定性系统为什么会产生紊动？愚公移山式的穷举法为什么可能无效？牛顿创立的微积分能得100分吗？数学家是些什么人？数学定理为什么要证明？等等。本书集知识性、思想性和趣味性为一体，说理直观严密，通俗易懂，充分展示数学之美妙，之深刻。

本书读者对象为中学生、大学生、中小学教师及数学工作者。

图书在版编目（CIP）数据

数学志异/王树和著．—修订本．—北京：科学出版社，2015.3

（好玩的数学/张景中主编）

ISBN 978-7-03-043579-8

Ⅰ.①数…　Ⅱ.①王…　Ⅲ.①数学—普及读物　Ⅳ.①O1.49

中国版本图书馆 CIP 数据核字（2015）第 044259 号

责任编辑：朱萍萍　李　敏　杨　波 / 责任校对：胡小洁

责任印制：吴兆东 / 整体设计：黄华斌

科学出版社出版

北京东黄城根北街 16 号

邮政编码：100717

http://www.sciencep.com

北京厚诚则铭印刷科技有限公司印刷

科学出版社发行　各地新华书店经销

*

2015 年 4 月第　三　版　　开本：720×1000 1/16

2025 年 8 月第十次印刷　　印张：11 1/2

字数：183 000

定价：58.00 元

（如有印装质量问题，我社负责调换）

丛书修订版前言

“好玩的数学”丛书自2004年10月出版以来，受到广大读者欢迎和社会各界的广泛好评，各分册先后重印10余次，平均发行量近45 000套，被认为是一套叫好又叫座的科普图书。丛书致力于多个角度展示了数学的“好玩”，将现代数学和经典数学中许多看似古怪、实则富有深刻哲理的内容最大限度地通俗化，努力使读者“知其然”并“知其所以然”；尽可能地把数学的好玩提升到了更为高雅的层次，让一般读者也能领略数学的博大精深。

丛书于2004年获科学时报杯“科学普及与科学文化最佳丛书奖”，2006年又被国家新闻出版总署列为“向全国青少年推荐的百种优秀图书”之一，2009年荣获“国家科学技术进步奖二等奖”。但对于作者和编者来说，最高的奖励莫过于广大读者的喜爱关心。十年来，收到不少热心读者提出的意见和修改建议，数学研究领域和科普领域也都有了新的发展，大家感到有必要对书中的内容进行更新和补充。要感谢各位在耄耋之年仍俯首案牍、献身科普事业的作者，他们热心负责地对自己的作品进一步加工，在“好玩的数学（普及版）”的基础上进行了修订和完善。出版社借此机会将丛书改为B5开本，以方便读者阅读。

感谢多年来关心本套丛书的广大读者和各界人士，欢迎大家提出批评建议，共同促进科普事业繁荣发展。

编　者

2015年3月

第一版总序

2002年8月在北京举行国际数学家大会（ICM2002）期间，91岁高龄的数学大师陈省身先生为少年儿童题词，写下了“数学好玩”4个大字。

数学真的好玩吗？不同的人可能有不同的看法。

有人会说，陈省身先生认为数学好玩，因为他是数学大师，他懂数学的奥妙。对于我们凡夫俗子来说，数学枯燥，数学难懂，数学一点也不好玩。

其实，陈省身从十几岁就觉得数学好玩。正因为觉得数学好玩，才兴致勃勃地玩个不停，才玩成了数学大师。并不是成了大师才说好玩。

所以，小孩子也可能觉得数学好玩。

当然，中学生或小学生能够体会到的数学好玩，和数学家所感受到的数学好玩，是有所不同的。好比象棋，刚入门的棋手觉得有趣，国手大师也觉得有趣，但对于具体一步棋的奥妙和其中的趣味，理解的程度却大不相同。

世界上好玩的事物，很多要有了感受体验才能食髓知味。有酒仙之称的诗人李白写道：“但得此中味，勿为醒者传。”不喝酒的人是很难理解酒中乐趣的。

但数学与酒不同。数学无所不在。每个人或多或少地要用到数学，要接触数学，或多或少地能理解一些数学。

早在2000多年前，人们就认识到数的重要。中国古代哲学家老子在《道德经》中说：“道生一，一生二，二生三，三生万物。”古希腊毕达哥拉斯学派的思想家菲洛劳斯说得更加确定有力：“庞大、万能和完美无缺是数字的力量所在，它是人类生活的开始和主宰者，是一切事物的参与者。没有数字，一切都是混乱和黑暗的。”

既然数是一切事物的参与者，数学当然就无所不在了。

在很多有趣的活动中，数学是幕后的策划者，是游戏规则的制定者。

玩七巧板，玩九连环，玩华容道，不少人玩起来乐而不倦。玩的人不一定知道，所玩的其实是数学。这套丛书里，吴鹤龄先生编著的《七巧板、九连环和华容道——中国古典智力游戏三绝》一书，讲了这些智力游戏中蕴含的数学问题和数学道理，说古论今，引人入胜。丛书编者应读者要求，还收入了吴先生的另一本备受大家欢迎的《幻方及其他——娱乐数学经典名题》，该书题材广泛、内容有趣，能使人在游戏中启迪思想、开阔视野，锻炼思维能力。丛书的其他各册，内容也时有涉及数学游戏。游戏就是玩。把数学游戏作为丛书的重要部分，是“好玩的数学”题中应有之义。

数学的好玩之处，并不限于数学游戏。数学中有些极具实用意义的内容，包含了深刻的奥妙，发人深思，使人惊讶。比如，以数学家欧拉命名的一个公式

$$e^{2\pi i}=1$$

这里指数中用到的 π，就是大家熟悉的圆周率，即圆的周长和直径的比值，它是数学中最重要的一个常数。数学中第 2 个重要的常数，就是上面等式中左端出现的 e，它也是一个无理数，是自然对数的底，近似值为 2.718281828459…。指数中用到的另一个数 i，就是虚数单位，它的平方等于−1。谁能想到，这 3 个出身大不相同的数，能被这样一个简洁的等式联系在一起呢？丛书中，陈仁政老师编著的《说不尽的 π》和《不可思议的 e》（此二书尚无学生版——编者注），分别详尽地说明了这两个奇妙的数的来历、有关的轶事趣谈和人类认识它们的漫长的过程。其材料的丰富详尽，论述的清楚确切，在我所知的中

外有关书籍中，无出其右者。

如果你对上面等式中的虚数i的来历有兴趣，不妨翻一翻王树和教授为本丛书所写的《数学演义》的“第十五回　三次方程闹剧获得公式解　神医卡丹内疚难舍诡辩量”。这本章回体的数学史读物，可谓通而不俗、深入浅出。王树和教授把数学史上的大事趣事憾事，像说评书一样，向我们娓娓道来，使我们时而惊讶、时而叹息、时而感奋，引来无穷怀念遐想。数学好玩，人类探索数学的曲折故事何尝不好玩呢？光看看这本书的对联形式的四十回的标题，就够过把瘾了。王教授还为丛书写了一本《数学聊斋》（此次学生版出版时，王教授对原《数学聊斋》一书进行了仔细修订后，将其拆分为《数学聊斋》与《数学志异》二书——编者注），把现代数学和经典数学中许多看似古怪而实则富有思想哲理的内容，像《聊斋》讲鬼说狐一样最大限度地大众化，努力使读者不但“知其然”而且“知其所以然”。在这里，数学的好玩，已经到了相当高雅的层次了。

谈祥柏先生是几代数学爱好者都熟悉的老科普作家，大量的数学科普作品早已脍炙人口。他为丛书所写的《乐在其中的数学》，很可能是他的封笔之作。此书吸取了美国著名数学科普大师伽德纳25年中作品的精华，结合中国国情精心改编，内容新颖、风格多变、雅俗共赏。相信读者看了必能乐在其中。

易南轩老师所写的《数学美拾趣》一书，自2002年初版以来，获得读者广泛好评。该书以流畅的文笔，围绕一些有趣的数学内容进行了纵横知识面的联系与扩展，足以开阔眼界、拓广思维。读者群中有理科和文科的师生，不但有数学爱好者，也有文学艺术的爱好者。该书出版不久即脱销，有一些读者索书而未能如愿。这次作者在原书基础上进行了较大的修订和补充，列入丛书，希望能满足这些读者的心愿。

世界上有些事物的变化，有确定的因果关系。但也有着大量的随机现象。一局象棋的胜负得失，一步一步地分析起来，因果关系是清楚的。一盘麻将的输赢，却包含了很多难以预料的偶然因素，即随机性。有趣的是，数学不但长于表达处理确定的因果关系，而且也能表达处理被偶然因素支配的随机现象，从偶然中发现规律。孙荣恒先生的《趣味随机问题》一书，向我们展示出概率论、数理统计、随机过程这些数学分支中许多好玩的、有用的和新颖的问题。其中既有经典趣题，如赌徒输光定理，也有近年来发展的新的方法。

中国古代数学，体现出算法化的优秀数学思想，曾一度辉煌。回顾一下中国古算中的名题趣事，有助于了解历史文化，振奋民族精神，学习逻辑分析方法，发展空间想像能力。郁祖权先生为丛书所著的《中国古算解趣》，诗、词、书、画、数五术俱有，以通俗艺术的形式介绍韩信点兵、苏武牧羊、李白沽酒等 40 余个中国古算名题；以题说法，讲解我国古代很有影响的一些数学方法；以法传知，叙述这些算法的历史背景和实际应用，并对相关的中算典籍、著名数学家的生平及其贡献做了简要介绍，的确是青少年的好读物。

读一读《好玩的数学》，玩一玩数学，是消闲娱乐，又是学习思考。有些看来已经解决的小问题，再多想想，往往有“柳暗花明又一村”的感觉。

举两个例子：

《中国古算解趣》第 37 节，讲了一个“三翁垂钓”的题目。与此题类似，有个“五猴分桃”的趣题在世界上广泛流传。著名物理学家、诺贝尔奖获得者李政道教授访问中国科学技术大学时，曾用此题考问中国科学技术大学少年班的学生，无人能答。这个问题，据说是由大物理学家狄拉克提出的，许多人尝试着做过，包括狄拉克本人在内都没有找到很简便的解法。李政道教授说，著名数理逻辑学家和哲学家怀德海曾用高阶差分方程理论中通解和特解的关系，给出一个巧妙的解法。其实，仔细想想，有一个十分简单有趣的解法，小学生都不难理解。

原题是这样的：5只猴子一起摘了1堆桃子，因为太累了，它们商量决定，先睡一觉再分。

过了不知多久，来了1只猴子，它见别的猴子没来，便将这1堆桃子平均分成5份，结果多了1个，就将多的这个吃了，拿走其中的1堆。又过了不知多久，第2只猴子来了，它不知道有1个同伴已经来过，还以为自己是第1个到的呢，于是将地上的桃子堆起来，平均分成5份，发现也多了1个，同样吃了这1个，拿走其中的1堆。第3只、第4只、第5只猴子都是这样……问这5只猴子至少摘了多少个桃子？第5个猴子走后还剩多少个桃子？

思路和解法：题目难在每次分都多1个桃子，实际上可以理解为少4个，先借给它们4个再分。

好玩的是，桃子尽管多了4个，每个猴子得到的桃子并不会增多，当然也不会减少。这样，每次都刚好均分成5堆，就容易算了。

想得快的一下就看出，桃子增加4个以后，能够被5的5次方整除，所以至少是3125个。把借的4个桃子还了，可知5只猴子至少摘了3121个桃子。

容易算出，最后剩下至少1024－4＝1020个桃子。

细细地算，就是：

设这1堆桃子至少有x个，借给它们4个，成为$x+4$个。

5个猴子分别拿了a，b，c，d，e个桃子（其中包括吃掉的一个），则可得

$$a=(x+4)/5$$

$$b=4(x+4)/25$$

$$c=16(x+4)/125$$
$$d=64(x+4)/625$$
$$e=256(x+4)/3125$$

e 应为整数，而 256 不能被 5 整除，所以 $x+4$ 应是 3125 的倍数，所以

$$x+4=3125k\ (k\text{ 取自然数})$$

当 $k=1$ 时，$x=3121$

答案是，这 5 个猴子至少摘了 3121 个桃子。

这种解法，其实就是动力系统研究中常用的相似变换法，也是数学方法论研究中特别看重的“映射－反演”法。小中见大，也是数学好玩之处。

在《说不尽的 π》的 5.3 节，谈到了祖冲之的密率 355/113。这个密率的妙处，在于它的分母不大而精确度很高。在所有分母不超过 113 的分数当中，和 π 最接近的就是 355/113。不但如此，华罗庚在《数论导引》中用丢番图理论证明，在所有分母不超过 336 的分数当中，和 π 最接近的还是 355/113。后来，在夏道行教授所著《π 和 e》一书中，用连分数的方法证明，在所有分母不超过 8000 的分数当中，和 π 最接近的仍然是 355/113，大大改进了 336 这个界限。有趣的是，只用初中里学的不等式的知识，竟能把 8000 这个界限提高到 16500 以上！

根据 $\pi=3.1415926535897\cdots$，可得 $|355/113-\pi|<0.0000026677$，如果有个分数 q/p 比 355/113 更接近 π，一定会有

$$|355/113-q/p|<2\times 0.0000026677$$

也就是

$$|355p-113q|/113p<2\times 0.0000026677$$

因为 q/p 不等于 355/113，所以 $|355p-113q|$ 不是 0。

但它是正整数，大于或等于1，所以

$$1/113p<2\times0.0000026677$$

由此推出

$$p>1/(113\times2\times0.0000026677)>16586$$

这表明，如果有个分数 q/p 比 355/113 更接近 π，其分母 p 一定大于 16586。

如此简单初等的推理得到这样好的成绩，可谓鸡刀宰牛。

数学问题的解决，常有“出乎意料之外，在乎情理之中”的情形。

在《数学美拾趣》的22章，提到了“生锈圆规”作图问题，也就是用半径固定的圆规作图的问题。这个问题出现得很早，历史上著名的画家达·芬奇也研究过这个问题。直到20世纪，一些基本的作图，例如已知线段的两端点求作中点的问题（线段可没有给出来），都没有答案。有些人认为用生锈圆规作中点是不可能的。到了20世纪80年代，在规尺作图问题上从来没有过贡献的中国人，不但解决了中点问题和另一个未解决问题，还意外地证明了从2点出发作图时生锈圆规的能力和普通规尺是等价的。那么，从3点出发作图时生锈圆规的能力又如何呢？这是尚未解决的问题。

开始提到，数学的好玩有不同的层次和境界。数学大师看到的好玩之处和小学生看到的好玩之处会有所不同。就这套丛书而言，不同的读者也会从其中得到不同的乐趣和益处。可以当做休闲娱乐小品随便翻翻，有助于排遣工作疲劳、俗事烦恼；可以作为教师参考资料，有助于活跃课堂气氛、启迪学生心智；可以作为学生课外读物，有助于开阔眼界、增长知识、锻炼逻辑思维能力。即使对于数学修养比较高的大学生、研究生甚至数学研究工作者，也会开卷有益。数学大师华罗庚提倡“小敌不侮”，上面提到的两个小题目都有名家做过。丛书中这类好玩的小问题比比皆是，说不定有心人还能从中挖出宝矿，有所斩获呢。

啰嗦不少了，打住吧。谨以此序祝《好玩的数学》丛书成功。

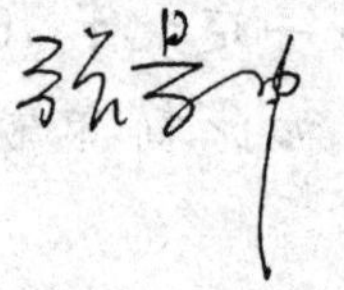

2004年9月9日

前　言

任何研究工作的开端，几乎都是极不完善的尝试，为了寻求真理，我们是注定要经历挫折和失败的。

——狄德罗（D. Diderot，1713—1784，法国启蒙思想家）

清代文豪蒲松龄著奇书《聊斋志异》，借鬼狐故事伐恶扬善，名冠文学史，只可惜蒲留仙老先生的书用文言写成，令今日一般读者较为费解，《聊斋志异》已有不少版本的白话文译本发行，深受大众欢迎。

数学当中也有很多难理解、难证明、难计算的问题，犹如《聊斋志异》中众多的神奇故事。例如由正方形对角线的长引发的第一次数学危机，由理发师悖论（罗素悖论）引发的第三次数学危机，在简单确定的规律支配下却孕育出混沌的紊乱运动等；又如臭名昭著的$3x+1$问题（x为偶数，则取其半；x为奇数，则取$3x+1$之半；得出的结果再如上“取半”，实验与猜想最后会得出1），它是至今数学界无力解决的问题之一，到现在无人证其真，亦无人证其伪。美籍奥地利数学家哥德尔严格证明了确乎存在既不能证其真亦不能证其伪的命题！如果问：π的小数部分会不会有100个8连贯出现，即

$$\pi=3.14159265\cdots\underbrace{888\cdots888}_{100\text{个}8}\cdots?$$

如果有，有几处？在小数点后第几位上发生？这种“坏问题”数学中到处都有，要多少有多少。种种涉及数学与计算

机数学的尖锐、重大的问题，很值得我们关心。但是，在现代数学专著当中，设定了繁多的专用符号和艰涩的定义、定理，弄得连非本分支的数学家们都成了隔山之人，感到好似“两个黄鹂鸣翠柳”，不知所云。

能否拣一些现代的数学内容和生动有趣的经典数学内容，用“普通话”写一本貌似《聊斋志异》那般有思想哲理、活泼巧妙的数学科普著作，来传播普及这些重要、优雅的数学知识呢？本书对此做了尝试，在兼顾数学知识的趣味性和严肃性的前提下，最大限度地大众化，努力使读者不但“知其然”，亦“知其所以然”，力争通而不俗，美而不媚。

本书几乎完全用＋－×÷解决问题，lim 只用过不多几次，力争不沾微积分等现代数学中非初等运算的边，使得凡具中学文化的读者百分之百地可以读懂全书。当然，数学专业的师生也不至于认为太肤浅。如此使得各个层次的读者都可以在欢快轻松的阅读欣赏当中，学到新知识，见识新技巧，在幽默的智能娱乐之中，体会和进一步思考现代数学的本质和是非。

书中的标题是“摘要”式的，有的比较具体，写作时则借题发挥，多讲了一些与该标题相关的道理和要例。

但愿本书能介绍你与数学结缘，如果你被书中那些诱人的问题和技巧迷住而流连忘返，从此痴情数学，提升了数学的悟性和技能，那正是作者的初衷。

国际数学联盟（IMU）把 2000 年定为“世界数学年”，并且制订了如下宗旨：

“使数学及其对世界的意义被社会所了解，特别是被普通公众所了解。”

本书按上述宗旨献给广大的数学爱好者和“数学不爱好者”。我相信，你读了这本书之后就会与别人争辩说，数学绝不像有些人传说的那样枯燥乏味。如果你原不是一位数学爱好者，当你看完这本书，数学的面具被你亲手揭掉之后，你已经由一个数学的疏远者变成数学爱好者了。但愿本书是你永远的好朋友。

作者学识浅薄，文字工夫亦不深，不敢说写作愿望已经达到，盼请读者与同行批评。

本书第一版与第二版发行近3万册，深受各阶层数学爱好者的厚爱，今做普及版，根据读者与科学出版社编辑的意见，进行了全面修正、润色和精炼。在此对关心本书的诸位同志与众读者深表谢忱。更要感谢我的学长和同事张景中院士，他对本书的写作贡献了重要意见，使之增色不少。

王树和

2008年1月

于中国科学技术大学

目　　录

01 离散篇

离散数学是数学当中最美、最妙、最有人缘也最有难度的数学乐园和数学天堂。

1.1 神龟龙马，洛书河图

公元前2200年，我国商周时代的《易经》中载：大禹治伏水患之后，洛河上浮出一只巨型神龟，背驮如图1-1所示的“洛书”献给大禹，作为苍天对他治水有功造福百姓的奖励。这幅天书横看、竖看和斜看，每一组由黑点子●与白点子○合成，总点数皆为15。后来人们把此洛书翻译成如图1-2所示的一个所谓幻方。

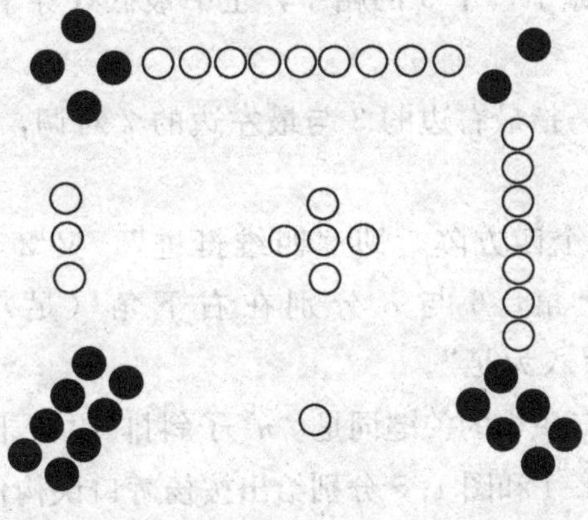

图1-1

所谓幻方，是由1，2，3，…，n^2-1，n^2 组成的一个数字方阵，每数恰在此阵中出现一次，且每行之和，每列之和和两条对角线上的数字之和皆相等。

1275 年，我国宋代著名数学家杨辉把洛书形象地描写为：“九子斜排，上下对易，左右相更，四维挺进，戴九履一，左三右七，二四为肩，六八为足。”破译了洛书的玄机，见图 1-3。

4	9	2
3	5	7
8	1	6

图 1-2

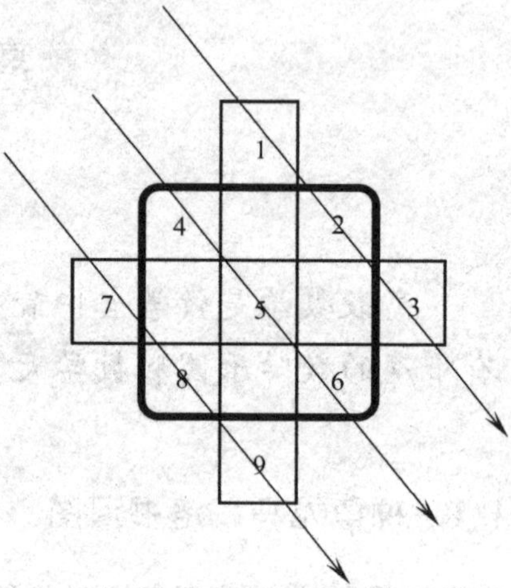

图 1-3

“九子斜排”是按箭头方向分别把 1，2，3；4，5，6 和 7，8，9 排成具有右下方走向的一排，三个斜排组成一个倾斜 45°角的正方形阵。

“上下对易”，指 1 与 9 对换，1 移入最下空格，9 移入最上空格，使得正中的头部戴了一个 9 的帽子，正中最低处穿了一双 1 字鞋，即“戴九履一”。

“左右相更”，指最右边的 3 与最左边的 7 对调，3 移至左侧空格，7 移至右侧空格。

至此造成一个四方阵，即“四维挺进”，又 2 与 4 分别在右上角（肩）与左上角，6 与 8 分别在右下角（足）与左下角，即“二四为肩”“六八为足”。

杨辉的这种口诀中的关键词是“n^2 子斜排”“上下对易”和“左右相更”三句。图 1-4 和图 1-5 分别给出按杨辉口诀构作的 5 阶幻方和 7 阶幻方，任意奇数（大于 3）阶的幻方皆可照此制作，但同阶幻方不是唯一的，高阶幻方的个数非常之巨大，例如五阶幻方就有一千多万个！另外，杨辉口诀不适用于偶阶幻方，偶阶幻方的构作十分困难。

“对易”和“相更”时，移动的步数恰为幻方的阶数，例如图1-5

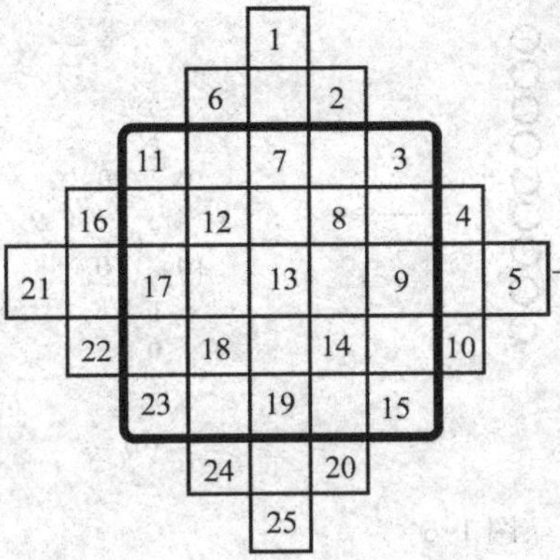

(a)

11	24	7	20	3
4	12	25	8	16
17	5	13	21	9
10	18	1	14	22
23	6	19	2	15

(b)

图 1-4

(a) 中顶上的 1 下降 7 步至 33 的上方邻格内，图 1-5（a）中的 9 下降 7 步至 33 的下方邻格内，图 1-5（a）中的 7 左移 7 步至 25 的左侧邻格，等等。

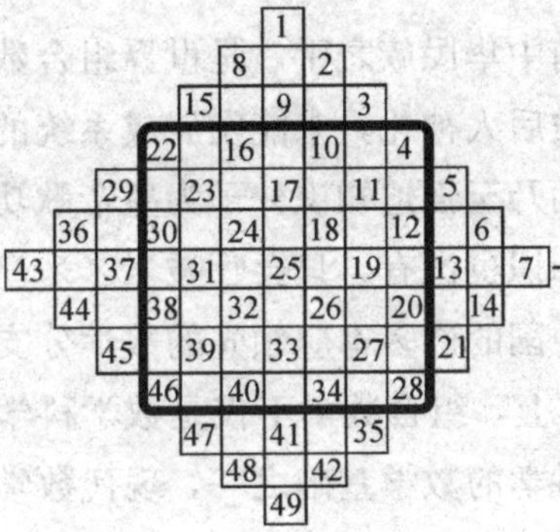

(a)

22	47	16	41	10	35	4
5	23	48	17	42	11	29
30	6	24	49	18	36	12
13	31	7	25	43	19	37
38	14	32	1	26	44	20
21	39	8	33	2	27	45
46	15	40	9	34	3	28

(b)

图 1-5

洛书对应的幻方史称“神农幻方”。

《易经》上又云，为奖励大禹功绩，一匹龙马从黄河跃出，把如图 1-6所示的一张“河图”赠予大禹。

图 1-6（b）是相应位置上“点子”的个数，不过 4 个 10 的意思是被虚线联络的 10 个黑点子视为分布在它们形成的正方形的四个顶处。这样，河图的数学含量就大了：

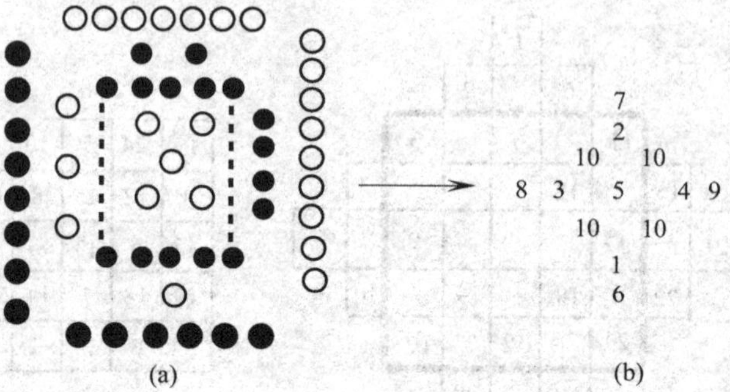

图 1-6

从中心 5 向右加上 4 等于最右端的 9；

从中心 5 向左加上 3 等于最左端的 8；

从中心 5 向上加上 2 等于最上端的 7；

从中心 5 向下加上 1 等于最下端的 6。

斜着看，7+9=2+10+4=16，8+6=3+10+1=14，9+6=4+10+1=15，8+7=2+10+3=15。

洛书和河图出自四千多年前中华民族之手，是世界组合数学的最早成果，值得我们自豪；可惜它被后人神化，未能发展成系统的理论；中国几千年的封建君主统治，鼓励乃至强迫知识分子为皇帝歌功颂德，使大多数知识分子成为什么科学知识也没有，只会呼喊×××皇帝万岁的奴才，在这种社会背景之下，中国的许多本应领先的数学分支和组合数学一样，并没有发展起来。事实上，组合数学不仅是数学科学的重要分支，而且是信息产业和计算机科学的数学基础之一，现代数学教育和数学科研当中，必须给以足够的重视。

1.2 三只鸽子两个窝

三只鸽子出去觅食，晚上归巢栖息，它们共有两个窝，显然必有一个窝里至少住有两只鸽子，不然，即使每巢一只鸽子，还有一只鸽子不能回巢。一般而言，对于自然数 n，$n+1$ 只鸽子住在 n 个巢中，至少有一巢里不少于两只鸽子。

这一结论称为鸽笼原理或抽屉原理。

把 m 本书放入 n 个抽屉，$m>n$，至少一个抽屉里放了多于

$\left[\frac{m-1}{n}\right]$本书，其中$\left[\frac{m-1}{n}\right]$表示$\frac{m-1}{n}$的整数部分。当 $m=n+1$ 时，$\left[\frac{m-1}{n}\right]=1$，即 $n+1$ 本书放入 n 个抽屉，至少一个抽屉里放不少于两本书。

事实上，若每个抽屉里放的书都不超过$\left[\frac{m-1}{n}\right]$本，则总的本数不超过 $n\cdot\left[\frac{m-1}{n}\right]\leqslant n\cdot\frac{m-1}{n}=m-1$，与共有 m 本书矛盾。所以一定是有的抽屉里放了多于$\left[\frac{m-1}{n}\right]$本书。

就是这么一个几乎不证自明的道理却能解千种难题，有万般应用。下面是一些应用鸽笼原理的生动实例。

①某军弹药库每天需一个班保卫，保卫排有六个班，一周内至少有一个班出勤两天。

②13 人中必有两人同一个月份出生。

③商店里有 10 双皮鞋放在货架上，有 11 位顾客同时来购鞋，售货员给每位顾客拿出一只鞋试穿，则顾客们手中必有两只鞋恰是一双。

④从｛1，2，…，2000｝中选 1001 个数，其中必有两个，一个是另一个的整数倍。

事实上，取出的每个数可表成 $2^n a$，n 是非负整数，a 是奇数，故对 1 到 2000 的每个数，a 是 1000 个奇数 1，3，5，…，1999 中的数，可见在所选的 1001 个数中，有两个数的奇数因数 a 是一样的，它们是 $2^{n_1}a$ 和$2^{n_2}a$，不妨设$n_2>n_1$，则 $2^{n_2}a\div 2^{n_1}a=2^{n_2-n_1}$，即后者能被前者除尽。

⑤在正六边形内任放七个点，则至少有两点之间的距离小于或等于该正六边形外接圆的半径。

连接正六边形的三条对角线如图1-7，由鸽笼原理，在图1-7的六个三角形的某个上面必然有放置的七个点中的两个，它们的距离不大于正六边形外接圆的半径。

⑥把 $m_1+m_2+\cdots+m_n-n+1$ 个球放入 n 个盒子，其中 m_1，m_2，…，m_n 皆正整数，则下面 n 件事至少发生一件：第一个盒子中至少有 m_1 个球，第二个盒子中至少有 m_2 个球，…，第 n 个盒子中至少有 m_n

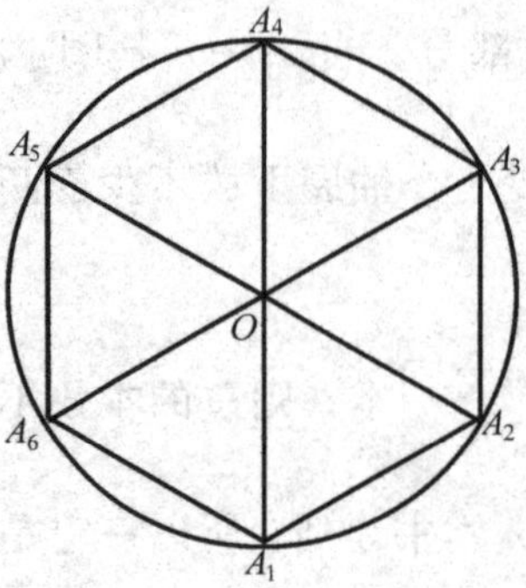

图 1-7

个球。

事实上，若这 n 件事都不发生，则总球数不会超过 $(m_1-1)+(m_2-1)+\cdots+(m_n-1)=m_1+m_2+\cdots+m_n-n$，而原来有球 $m_1+m_2+\cdots+m_n-n+1$，矛盾。

⑦$n(r-1)+1$ 个鸽子进入 n 个窝，r 是自然数，则至少一个窝里的鸽子不会少于 r 只。

⑧n 个自然数 $m_1, m_2, \cdots, m_n$ 的平均值大于 $r-1$ 时，$m_1, m_2, \cdots, m_n$ 中至少有一个不小于 r，r 是自然数。

事实上，如果 $m_i<r$，$i=1, 2, \cdots, n$，则 $m_1+m_2+\cdots+m_n<nr$，$\frac{m_1+m_2+\cdots+m_n}{n}<r$，与 $m_1, m_2, \cdots, m_n$ 的平均值大于 $r-1$ 矛盾。

⑨任给定 n^2+1 个不等的实数组成的数列

$$a_1, a_2, \cdots, a_{n^2+1}$$

则此数列中至少存在由 $n+1$ 个实数组成的单调递增或单调递减的子数列。

事实上，记 m_i 是从 a_i 开始最长的单调递增子数列的长度，若存在某个 $m_i \geqslant n+1$，则命题⑨已成立。否则，$m_i<n+1$，$i=1, 2, \cdots, n^2+1$。于是 m_i 在 1 与 n 之间，这相当于把 n^2+1 个球 $m_1, m_2, \cdots, m_{n^2+1}$ 放入 n 个盒子，由命题⑦，这是 $r=n+1$ 的特殊情形，则 $m_1, m_2, \cdots, m_{n^2+1}$ 中至少有 $n+1$ 个数相等，不妨设

$$m_{i_1}=m_{i_2}=\cdots=m_{i_{n+1}}=m$$

其中 $1 \leqslant i_1<i_2<\cdots<i_{n+1} \leqslant n^2+1$；于是 $a_{i_1}>a_{i_2}>\cdots>a_{i_{n+1}}$，若不然，例如 $a_{i_1}<a_{i_2}$，而由 a_{i_2} 开始的递增子列的长度 $m_{i_2}=m$，再把 a_{i_1} 接到此子列前面，则知 $m_{i_1} \geqslant m_{i_1}+1=m+1$，与 $m_{i_1}=m$ 矛盾。至此找到由 $n+1$ 个数组成的递增子序列 $a_{i_1}, a_{i_2}, \cdots, a_{i_{n+1}}$。

例如 17 个数组成的数列 9，8，18，20，7，5，4，6，11，15，10，13，12，19，17，3，14

$17=4^2+1$，由命题⑨，上述数列中有 $4+1=5$ 个数组成的单调子数列，事实上，5，6，11，15，19 就是一个。20，7，5，4，3 是另一个。

从⑨我们看到了“无序中的有序现象”，任意给定的两两相异的若干实数随意排列，却造成单调子列，而且当原数列很长时，此种单调子列也很长，数列无穷，则必含无穷长的单调子列。

⑩圆形舞台，其圆形屋顶匀称地安装两圈灯，外圈 100 只固定，其中 50 只红灯，50 只绿灯，两色灯随意混合排列；内圈也有红、绿两色灯共 100 只，其中红绿只数不限，混合在一起，内圈可以绕屋顶中心旋转。则内圈转到某一位置时，会使得内外圈对应位置上的灯至少有 50 对同色。

事实上，内圈旋转一周的过程中，内圈每只灯都与外圈的灯有 100 个对应位置，内圈的每只灯在其旋转一周的过程中，与外圈的同色灯有 50 个对应位置，这一过程中造成同色灯成对的次数为 $50\times100=5000$，每一位置上同色灯对应的平均次数为 $5000\div100=50$，由命题⑧知，内圈转到某位置时，会使得同色灯至少 50 对。

仿⑩中的道理可知下面判断成立：

全班共 60 名同学，从中选 30 名同学赴黄河上游考察，选出的同学当中男女各半；剩下的同学男女个数不详，随机地排成一队来欢送。出发的同学们随机地列队与欢送同学面对面握手告别，为了和留下的每位同学都握手，他们最右边的那位同学握过手之后就跑到最左侧去与另外的同学一一握手，则定有一个时刻，有 15 对正在握手的同学是同性别的。

1.3 好括号和姊妹洗碗

饭后，姐妹去厨房洗碗，妹妹只管把姐姐洗好的碗一个一个放入碗橱摞成一摞。共有 n 个图案两两相异的碗要洗，洗前已摞成了一摞；妹妹贪玩，碗拿进碗橱可能不及时，姐姐就把洗过的碗摞成一摞等妹妹一个个来拿，问妹妹摞起的碗可能有几种方式？

与此姐妹洗碗问题有血缘关系的问题很多，例如下面的汽车队加油问题和括号列问题就是同种问题：

一个汽车队在狭窄路面上行驶，不得超车，但可以进入一个路过的死胡同里的加油站去加油，之后再插队行驶，共有 n 辆汽车，问可能有几种排列不同的汽车队开出城去？

$(a+b)(a-b)$ 中的括号列“(　)(　)”是正确使用的括号，如果写成“$(a+b)(a-b$”，或“$(a+b))(a-b)$”则是错用括号了，一般而言，所谓正确使用的括号列或称好括号列是指：

①“(　)”是好括号列；②若 A 与 B 是好括号列，则 AB 也是；③A是好括号列，“(A)”也是。除此三种之外再无别样好括号列。

不是好括号列的括号列为坏括号列。

一个括号列的好坏一读便知。

一个括号列是好括号列的充分必要条件是它由偶数个括号组成，其中半数是左括“(”，且从左向右读这个括号列时，读出的右括号“)”不会比左括号多。

这一判别法的证明很通俗易懂。若括号列是好的，显然它是由左括占半数的偶数个括号组成的。下面用关于括号数的归纳法证明从左至右读时，读出的左括号不比右括号少。事实上，若括号数为 2，命题显然成立，它就是“(　)”。假设对 m 个左括 m 个右括的好括号列，命题已真，$m<n$，考虑由 n 个左括 n 个右括组成的好括号列。

情况 1　若造这一括号列时，最后一步是②，此括号列形如 AB，A 与 B 皆好列，从左向右读时，只要还在读 A，由归纳法假设，读出的左括号不比右括号少，当读到 A 的最后一个括号时，读出的左右括号一样多。再向右读，即读 B，由归纳法假设，读出的右括号总数仍然不会超过读出的左括号总数。

情况 2　若造此括号列时最后一步是③，命题显然成立。至此必要性证出。

下面证明充分性，即在左括占半数的括号列中，从左向右读时，读出的左括号不比右括号少，则此括号列是好列。仍用关于括号数的归纳法。括号数为 2 时，命题显然为真。假设 $m<n$ 时，对 m 个左括和 m 个右括组成的括号列命题已真，考虑 n 个左括 n 个右括的括号列，从左向右读时，若读了 $2m$ 个括号后，读得的左右括号个数相等，由归纳法假设，读出的这个子列 A 是好括号列，右面未读的子列 B 也满足命题条件，由归纳法假设，B 亦是好括号列，所以整个括号列 AB 是好括号列。

若上述括号列 A 不存在，从左向右读时，读了第一个括号而未读其他括号时，由命题条件，第一个括号必为左括号“(”，读到只剩下一个括号未读时，已读出的左括号不比右括号少，而左右括号总数各占一半，故最后一个括号必为右括“)”，于是原括号列形如“(A_1)”，A_1 仍满足命题条件，由归纳法假设，A_1 是好括号列，故“(A_1)”也是好括号列。至此好括号列的充要条件证完。

由 $2n$ 个括号组成的好括号列可能有多少？为了算出这个数，先从坏括号列谈起，设 $p_1p_2\cdots p_{2n}$是 n 个左括、n 个右括构成的坏括号列，由好括号列的充要条件，此坏括号列必有一个前缀，其中的右括比左括多，设$p_1p_2\cdots p_j$是右括比左括多的最短前缀，这时右括号只比左括多 1 个，把从 p_{j+1}开始的每个括号“翻”过来，则得 $n-1$ 个左括 $n+1$ 个右括的坏括号列，显然这一变换是可逆的，故 n 个左括号与 n 个右括号组成的坏括号列与 $n-1$ 个左括 $n+1$ 个右括组成的括号列一一对应；$n-1$ 个左括 $n+1$ 个右括组成的括号列共计 C_{2n}^{n+1}个，n 个左括 n 个右括组成的括号列共计 C_{2n}^{n}个，所以 $2n$ 个括号的好括号列共有

$$\begin{aligned}C_{2n}^{n}-C_{2n}^{n+1}&=\frac{2n(2n-1)\cdots(2n-n+1)}{n!}\\&\quad-\frac{2n(2n-1)\cdots(2n-n)}{(n+1)!}\\&=\frac{1}{n+1}C_{2n}^{n}\end{aligned}$$

至此求得 $2n$ 个括号的好括号列共计$\frac{1}{n+1}C_{2n}^{n}$个。

回到姐妹洗碗问题，姐姐洗一个碗放在碗橱外洗好的碗摞上时，立即画一个左括“(”，妹妹从橱外碗摞上拿一个碗放入橱内时，立即画一右括“)”，如果姐俩共需洗 n 个碗，则一共要画 $2n$ 个括号，而且姐姐画了 n 个左括，妹妹画了 n 个右括，又画完括号后，从左向右读时，读到的左括号不少于右括号，因为姐姐洗过的碗任何时候也不比妹妹拿进碗橱里的碗少，由好括号列的充要条件，姐妹的括号列是好括号列，而且任给一个好括号列，都唯一地确定一种妹妹摞碗的方式，又知好括号列可能有$\frac{1}{n+1}C_{2n}^{n}$个，所以妹妹摞起的碗摞可能有$\frac{1}{n+1}C_{2n}^{n}$种。

例如有 10 个碗，则洗后碗摞可能有

$$\frac{1}{10+1}C_{20}^{10}=\frac{20\times19\times18\times17\times16\times15\times14\times13\times12\times11}{11\times10\times9\times8\times7\times6\times5\times4\times3\times2\times1}$$
$$=16796\text{种}$$

只有 10 只碗就可以摆出数以万计的碗摞来！

如果汽车进胡同口时画“(”，出胡同口时画“)”，一辆车不加油，则连画“(　)”，于是得一好括号列，而且任给一个好括号列，都唯一地确定一种汽车的排列，所以汽车加油问题的答案也是$\frac{1}{n+1}C_{2n}^{n}$。

用括号列技术还可解决许多有趣的难题，再看几例。

【例 1】　一行树，共 n 个顶，这种树林共计有$\frac{1}{n+1}C_{2n}^{n}$种。例如共 3 个顶的树林如图 1-8 所示，共可形成 5 种林子，恰有$\frac{1}{4}C_{6}^{3}=5$。

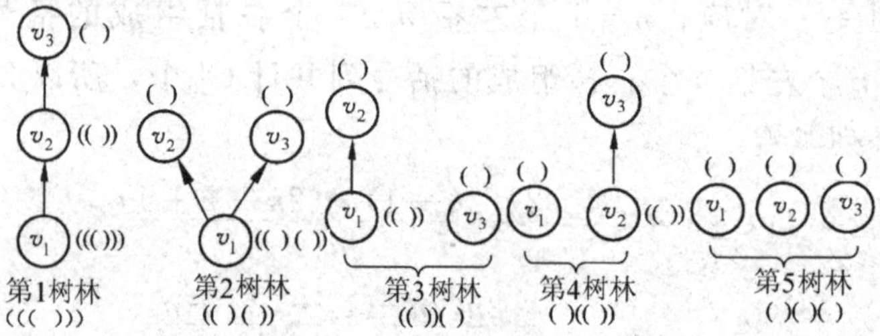

图 1-8

一般地，把叶标志成“(　)”；若一顶长出的顶从左到右依次已标为 v_1，v_2，…，v_s，则此顶标为（v_1，v_2，…，v_s）；从左到右每棵树的根已标成 x_1，x_2，…，x_r 时，则此林的整体标志为 $x_1x_2\cdots x_r$，见图 1-8。显然，任一林的整体标志得出一个 $2n$ 个括号组成的好括号列，反之，若任给一个由 $2n$ 个括号组成的好括号列，则可由上述标志的逆向过程画出一个林，所以 n 顶有序林的个数是

$$C(n)=\frac{1}{n+1}C_{2n}^{n}$$

【例 2】　$2n$ 个点均匀分布在一个圆圈上，用 n 条不相交的弦把它们连接成 n 对儿，求这种匹配的个数。

例如图 1-9 下方写出了其相应的好括号列。一般地，把 $2n$ 个点按顺时针顺序抄成一个横行，仅当两点是一条弦的端点，把它们用括号括起来，于是每种配对儿产生一个好括号列，反之，任给一个好括号列，可以画出一个配对儿方式，可见所求匹配的个数是$\frac{1}{n+1}C_{2n}^{n}$。

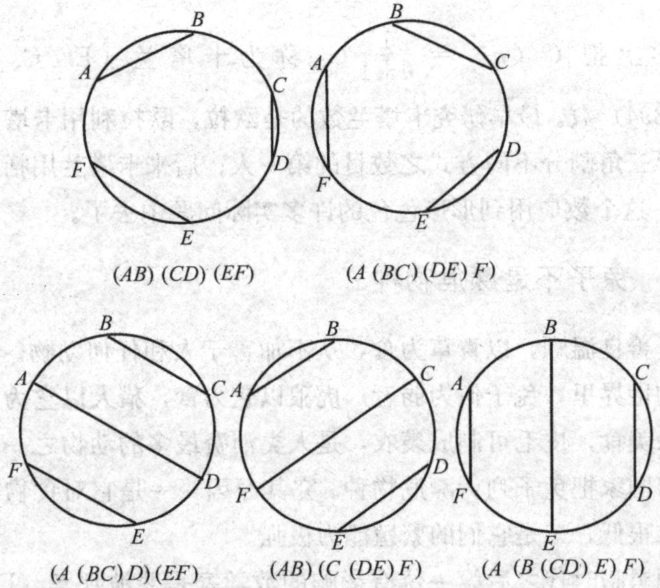

图 1-9

【例 3】　有 $2n$ 个人在售票处排队买票，门票 5 元一张，恰有 n 个人每人有 5 元一张的人民币，另 n 个人每人只有 10 元一张的人民币，问什么情形才能使售票员（他开始时手中没有钱）可以对每个需要“找零”者找给他 5 元钱？这种情形的队列共几种？

我们从排头起，依次对持五元币者记一个“(”，对持十元币者记一个“)”，如果写出的“(”总不比“)”少，则仅这种排列售票员才总有钱找零，而这种情形等价于形成一个好括号列，可见不会发生售票员无钱找零的队列共$\frac{1}{n+1}C_{2n}^{n}$种。

【例 4】　不同高度的 20 人，左低右高排二路横队，每队 10 人，前排的人都比他后面站的人矮，问这种排法有多少种？

我们把第一排的每个人记成一个“(”号，第二排的每人记成一个“)”，再把这 20 个人依大小个儿为序小个在左排成一路横队，则相应的括号列中有一半是左括“(”，而且读这个括号列时，读出的左括不会比

右括少，所以是个好括号列，反之每个好括号列对应一个题中所述的前低后高的二横队排列，可见此题答案为

$$\frac{1}{11}C_{20}^{10}=16796$$

数学上把 $C(n)=\frac{1}{n+1}C_{2n}^{n}$ 称为卡塔兰（E. C. Catalan，1814～1894）数。最早研究卡塔兰数的是欧拉，欧拉利用卡塔兰数算出凸多边形三角割分不同方式之数目的第一人；后来卡塔兰用括号列技术把$C(n)$这个数应用到形形色色的许多实际问题中去了。

1.4 兔子不是濒危物种

兔子善良温顺，以青草为食，从不加害于人和任何动物。在弱肉强食的动物世界里，兔子似为弱者，虎狼以它为食，猎人以它为目标；兔肉可烹为美食，皮毛可制成裘衣，是人类消费最多的动物之一，但至今没有任何国家把兔子列为濒危物种。究其原因，一是它对食物等的生态环境要求很低，二是它们的繁殖能力极强。

欧洲黑暗时代之后第一位有影响的数学家是斐波那契（Fibonacci，1170～1250），他早年随父在北非师从阿拉伯人学习数学，后游历地中海沿岸诸国，1202 年回到意大利故乡比萨，用拉丁文编译了其代表作《算经》。《算经》系统地介绍印度记数法和阿拉伯与希腊的数学成就，影响并改变了当时欧洲的数学面貌，书中引进了著名的“斐波那契数列”

1，1，2，3，5，8，13，21，34，55，89，144，233，377，…

斐波那契数列的通项公式及其一系列珍宝般数学现象是后人花了几个世纪的心血得到的，但是所有那些成果都起源于下面的“兔子问题”：

某人买一对兔子，养殖在完全封闭的围墙内，我们希望知道一年内能繁衍到多少对？如果事情是这样的：每对兔子每月生一对小兔子，小兔子出生后，第二个月就能生育。

设第 n 个月有 $f(n)$ 对兔子，则 $f(0)=1$，$f(1)=1$，$f(2)=2$，$f(3)=3$，一般地，第 n 个月兔子的对（儿）数是第 $n-1$ 个月的对数加上第$n-2$个月的对数，即

$$\begin{cases} f(n)=f(n-1)+f(n-2),\ n=2,3,\cdots \\ f(0)=f(1)=1 \end{cases}$$

因为 f（0）=1，根据上述递推公式，得知第 0 月与第 1 月对数之和为第 2 月的对数，第 1 月与第 2 月对数之和为第 3 月的对数，等等，于是有下表：

月数	1	2	3	4	5	6	7	8	9	10	11	12	13
兔子对数	1	2	3	5	8	13	21	34	55	89	144	233	377

即到一周年时有 377 对兔子。

如果欲求两年后、三年后、四年后等时间的兔子对数，这么一次次加下去也未免有点太笨了，既然兔子对数这个变量有如此之好的规律性，是否存在 f（n）的用 n 来表达的公式呢？

把兔对满足的递推关系改写成

$$f(n)-f(n-1)-f(n-2)=0,n=2,3,\cdots \tag{1.1}$$

对于这种每一项都是 f 的一次方又没有常数项的一次递推方程，设 f（n）$=\lambda^n$，则 f（$n-1$）$=\lambda^{n-1}$，f（$n-2$）$=\lambda^{n-2}$，代入递推方程（1.1）之后得

$$\lambda^n-\lambda^{n-1}-\lambda^{n-2}=0\quad(\lambda\neq 0)$$

用 λ^{n-2} 去除各项得 λ 满足的一元二次方程

$$\lambda^2-\lambda-1=0 \tag{1.2}$$

求得 $\lambda_{1,2}=\frac{1}{2}$（$1\pm\sqrt{5}$），即 $\left(\frac{1+\sqrt{5}}{2}\right)^n$ 与 $\left(\frac{1-\sqrt{5}}{2}\right)^n$ 都是（1.1）的解，又（1.1）的解的和仍是（1.1）的解，（1.1）的解乘以任意常数仍是（1.1）的解，于是

$$f(n)=c_1\left(\frac{1+\sqrt{5}}{2}\right)^n+c_2\left(\frac{1-\sqrt{5}}{2}\right)^n \tag{1.3}$$

也是（1.1）的解，其中 c_1，c_2 是待定常数，由于 f（0）$=f$（1）=1，代入（1.3）得

$$\begin{cases} 1=c_1+c_2 \\ 1=c_1\left(\frac{1+\sqrt{5}}{2}\right)+c_2\left(\frac{1-\sqrt{5}}{2}\right) \end{cases} \tag{1.4}$$

(1.4) 是以 c_1，c_2 为未知数的二元一次方程组，解得

$$c_1=\frac{1}{\sqrt{5}}\frac{1+\sqrt{5}}{2},\ c_2=-\frac{1}{\sqrt{5}}\frac{1-\sqrt{5}}{2}$$

所以

$$f(n)=\frac{1}{\sqrt{5}}\left(\frac{1+\sqrt{5}}{2}\right)^{n+1}-\frac{1}{\sqrt{5}}\left(\frac{1-\sqrt{5}}{2}\right)^{n+1} \tag{1.5}$$

(1.5) 就是斐波那契数列的通项公式。

有一个与兔子繁衍风马牛不相及的问题如下：

某人去登泰山，此人一步可登一个台阶也可以登两个台阶。问他登上 n 个台阶的方式有几种？

设登上 n 阶台阶的攀登方式有 a_n 种。

考虑此人第一步，若他第一步登了一阶，则登上 n 阶台阶的方式有 a_{n-1}种；若他第一步登了两阶，则登上 n 阶的方式有 a_{n-2}种，于是

$$\begin{cases} a_n=a_{n-1}+a_{n-2}, & n\geqslant 2(a_0=1) \\ a_1=1,\ a_2=2。 \end{cases}$$

可见登山方式数 a_n 组成的数列正是兔子序列

$$a_1,a_2,\cdots,a_n\cdots=1,2,3,5,8,13,\cdots$$

$$a_n=\frac{1}{\sqrt{5}}\left(\frac{1+\sqrt{5}}{2}\right)^{n+1}-\frac{1}{\sqrt{5}}\left(\frac{1-\sqrt{5}}{2}\right)^{n+1}$$

这里出现了一个很妙的命题

$$\frac{1}{\sqrt{5}}\left(\frac{1+\sqrt{5}}{2}\right)^{n+1}-\frac{1}{\sqrt{5}}\left(\frac{1-\sqrt{5}}{2}\right)^{n+1},n=0,1,2,\cdots$$

是自然数。

如果知道 a_n 是兔子序列的通项，则此命题是无需去证的事；不然，它的证明将会十分麻烦，不信你试试看。

把递推方程 (1.1) 的求解化成代数方程 (1.2) 的求解方式不是一次性的，它带有普遍性，适合于任何一次的无常数项递推方程。兹举例为证。

平面上 n 条直线，每两条直线皆相交，任三条直线不共点，求总交点数 h (n)。

由于第 n 条直线与前 $n-1$ 条直线的交点数为$n-1$，所以

$$h(n)=h(n-1)+n-1 \tag{1.6}$$

同理

$$h(n-1)=h(n-2)+n-2 \tag{1.7}$$

(1.6) － (1.7) 得

$$h(n)-2h(n-1)+h(n-2)=1 \tag{1.8}$$

$$h(n-1)-2h(n-2)+h(n-3)=1 \tag{1.9}$$

(1.8) － (1.9) 得

$$h(n)-3h(n-1)+3h(n-2)-h(n-3)=0 \tag{1.10}$$

与 (1.10) 对应的 λ 满足的方程为

$$\lambda^3-3\lambda^2+3\lambda-1=0,(\lambda-1)^3=0 \tag{1.11}$$

解得 $\lambda=1$，是 3 重根。于是 $h(n)=c_1$ 是 (1.10) 的解，c_1 是任意常数，由于 $h(1)=0$，所以 $c_1=0$，可见我们还要寻求 (1.10) 的其他解。设它的解形如 $n\lambda^n$ 或 $n^2\lambda^n$，代入 (1.10) 得

$$n\lambda^n-3(n-1)\lambda^{n-1}+3(n-2)\lambda^{n-2}-(n-3)\lambda^{n-3}=0 \tag{1.12}$$

$$n(\lambda^n-3\lambda^{n-1}+3\lambda^{n-2}-\lambda^{n-3})+3(\lambda^{n-1}-2\lambda^{n-2}+\lambda^{n-3})=0$$

$$n\lambda^{n-3}(\lambda^3-3\lambda^2+3\lambda-1)+3\lambda^{n-3}(\lambda^2-2\lambda+1)=0$$

由于 $\lambda=1$，故 (1.12) 式成立。即 $n\lambda^n$ 确为 (1.10) 的解。同理可以验证 $n^2\lambda^n$ 也是 (1.10) 的解，但 $n^3\lambda^n$ 就不再是 (1.10) 的解了。事实上，若 $n^3\lambda^n=n^3$ 是 (1.10) 的解，则应

$$n^3-3(n-1)^3+3(n-2)^3-(n-3)^3=0 \tag{1.13}$$

$n=2$ 时，(1.13) 式左端为 5，所以 (1.11) 不可能成立。

可以证明 (1.13) 的解形如

$$h(n)=(c_1+c_2n+c_3n^2)\lambda^n$$

令 $\lambda=1$，又 $h(1)=0$，$h(2)=1$，$h(3)=3$，则

$$\begin{cases} c_1+c_2+c_3=0 \\ c_1+2c_2+4c_3=1 \\ c_1+3c_2+9c_3=3 \end{cases}$$

解得 $c_1=0$，$c_2=-\frac{1}{2}$，$c_3=\frac{1}{2}$，最后得交点总数为

$$h(n)=-\frac{1}{2}n+\frac{1}{2}n^2=\frac{1}{2}n(n-1)$$

下面从数学上总结一下：我们这里涉及的（1.1）与（1.10）称为线性齐次递归方程，（1.2）与（1.10）分别是它们的特征方程，λ 称为特征根。一般而言

$$H_n+a_1H_{n-1}+\cdots+a_rH_{n-r}=0 \quad (n>r) \tag{1.14}$$

称为 r 阶递归方程

$$\lambda^r+a_1\lambda^{r-1}+\cdots+a_r=0 \tag{1.15}$$

称为（1.14）的特征方程。若 λ_1，λ_2，…，λ_s 分别是重数为 n_1，n_2，…，n_s 的特征根，$n_1+n_2+\cdots+n_s=r$，则（1.14）的解的一般形状为

$$\begin{aligned}&c_1^{(1)}\lambda_1^n+c_2^{(1)}n\lambda_1^n+\cdots+c_{n_1}^{(1)}n^{n_1-1}\lambda_1^n+\\&c_1^{(2)}\lambda_2^n+c_2^{(2)}n\lambda_2^n+\cdots+c_{n_2}^{(2)}n^{n_2-1}\lambda_2^n+\\&\cdots\cdots\\&+c_1^{(s)}\lambda_s^n+c_2^{(s)}n\lambda_s^n+\cdots+c_{n_s}^{(s)}n^{n_s-1}\lambda_s^n\end{aligned} \tag{1.16}$$

其中的常数 $c_j^{(i)}$ 由初值来确定。

再看一个有趣的例子：

n 条封闭曲线在平面上两两相交，每对曲线恰两个交点，但任三条曲线不交于同一点（图 1-10），问这些闭曲线把平面分割成几个区域？

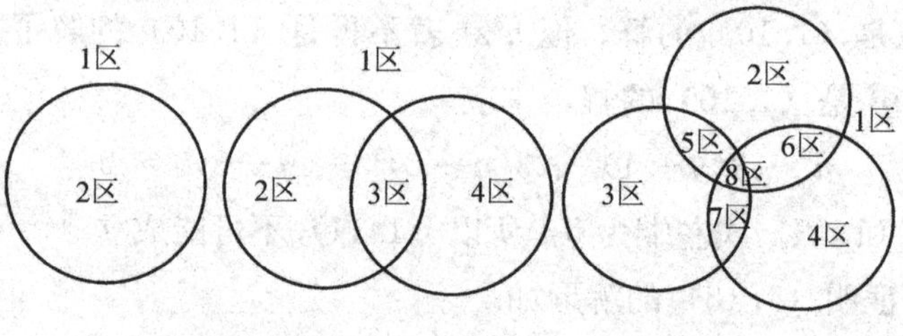

图 1-10

记$n-1$ 条闭曲线分割平面成 a_{n-1} 个区域，则第n条闭曲线与这 $n-1$ 条闭曲线的交点共计 2（$n-1$）个，它们把第n条闭曲线分成 2（$n-1$）段弧，每段弧把由前$n-1$ 条闭曲线分割成的某一区域划分成两个区域，所以 n 条闭曲线分割成的区域数为

$$a_n=a_{n-1}+2(n-1) \tag{1.17}$$

(1.17) 与 (1.6) 何其相似，解法也雷同。我们看到实际过程不同的问题却有着相同的数学模型，宇宙间一些状似相异的运动变化过程或结构关系实有统一性，统一在数学模型的旗帜下。

由 (1.17) 得

$$a_{n-1} = a_{n-2} + 2(n-2) \tag{1.18}$$

(1.17)－(1.18) 得

$$a_n - 2a_{n-1} + a_{n-2} = 2 \tag{1.19}$$

$$a_{n-1} - 2a_{n-2} + a_{n-3} = 2 \tag{1.20}$$

(1.19)－(1.20) 得

$$a_n - 3a_{n-1} + 3a_{n-2} - a_{n-3} = 0 \tag{1.21}$$

(1.21) 的特征方程为

$$\lambda^3 - 3\lambda^2 + 3\lambda - 1 = 0$$

特征根 $\lambda=1$ 是三重根，由 (1.16) 知 (1.17) 的解形如

$$\begin{aligned} a_n &= c_1^{(1)}\lambda_1^n + c_2^{(1)} n\lambda_1^n + c_3^{(1)} n^2\lambda_1^n \\ &= c_1^{(1)} + c_2^{(1)} n + c_3^{(1)} n^2 \end{aligned}$$

由于 $a_1=2$，$a_2=4$，$a_3=8$，见图 1-10，得

$$\begin{cases} c_1^{(1)} + c_2^{(1)} + c_3^{(1)} = 2 \\ c_1^{(1)} + 2c_2^{(1)} + 4c_3^{(1)} = 4 \\ c_1^{(1)} + 3c_2^{(1)} + 9c_3^{(1)} = 8 \end{cases}$$

解得 $c_1^{(1)}=2$，$c_2^{(1)}=-1$，$c_3^{(1)}=1$，于是 n 个此种闭曲线把平面分割成 $2-n+n^2$ 个区域。

1.5　兔儿兔孙与优选法

蒸馒头要放碱，放得太少，蒸出的馒头酸，放得太多，蒸出的馒头黄，而且对胃有害；加多少碱有一个最佳量，从少到多，开始时，碱越多馒头越好吃，到了最佳之后，碱越多馒头越不好吃，形成了碱量与好吃程度的一种单峰关系。如果用实验的办法确定碱量，自然希望实验次数要少。这里的单峰关系事先只知其存在，并不知其定量关系，所以不能用求函数最大值的办法来解决。

设 $F(x)$ 是未知的，只知它是单峰的函数，今欲求 $F(x)$ 的最大值点 x^* 的近似值。设试验范围是 $x\in[0, 1]$，先把 $[0, 1]$ 等分成

$f(n)$等分，$f(n)$ 是斐波那契数列第 n 项，在 $f(n)-1$ 个 $[0, 1]$ 内的等分点上安排试验，从中比较选优。例如 $n=13$，$f(13)=377$，即一对兔子一周年内繁衍出的兔子家庭的成员的对儿数，如果做 376 次试验来选优，那就太劳民伤财了。实际上只需做 12 个试验即可与做 376 次试验有一样的效果，精度都是$\frac{1}{377}$，即选得的近似值与最佳值 x^* 相距不超过$\frac{1}{377}$。

事实上，由于 $F(x)$ 的单峰性，以及 $f(n)=f(n-1)+f(n-2)$，知第$f(n-1)$个分点与第 $f(n-2)$ 个分点关于区间中点对称，在这两个分点处各试验一次，把长为 1 的纸条从 F 值小的分点上剪开，留下含 F 值大的分点的那一段，把剩下的纸条对折，即从其中点折叠，与保留的试验点重合的那个点上再做一次试验，与上一轮留下的点上的 F 值比较，从 F 小的点剪开，还是“留大弃小”，如此反复试$n-1$次，就求得了一个 x^* 的近似值。

例如，卡那霉素发酵液培养温度最佳值的确定，原来国内外采用37℃±1 ℃，培养时间为 16 小时，某药厂欲缩短其培养时间，对培养温度进行了优选，试验范围为 29～50℃，每隔 1℃做一次试验，共需 20 次试验，后采用优选法，把试验区间定为 [0，21]，0 对应于 29℃，1 对应于 30℃，等等，试验实施过程如图 1-11 所示。

图 1-11 中①②③④⑤⑥表示六次试验，试验中依次保留的试验点为 x=①，①，①，①，①，最后留下的区间是（12，14），即最佳温度近似值为 $x=13$，即 42℃，误差 1℃。共进行了 6 次试验，节省了 14 次试验，与 20 次均匀试验相比，效果不减。

由于 $\lim\limits_{n\to\infty}\frac{f(n-1)}{f(n)}=\frac{\sqrt{5}-1}{2}\approx 0.618$，所以在 [0，1] 区间（试验范围）的 0.618 处做第一次试验，在其关于中点 $x=\frac{1}{2}$ 的对称点 0.382 处做第二次试验，用弃小留大的对折剪纸法，相似地，可以得到最佳值 x^* 的近似值，最后剩下的纸条长度给出了误差上界。这种优选称为 0.618 法或黄金分割法。

优选法是美国数学家基弗（Kiefer）1953 年发明的，他首创了斐波

华罗庚（中国，1910～1985）

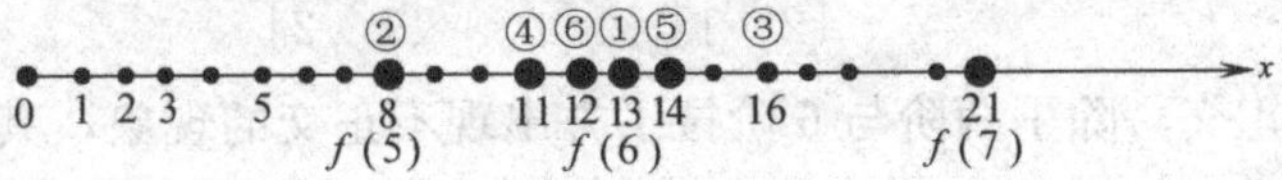

图 1-11

那契法和黄金分割法（0.618 法）。1970 年，在华罗庚教授倡导与带领之下，我国许多数学家深入工厂、农村，做了大量的优选法普及与应用的工作，在数理方面和经济效益方面取得了双丰收。

1.6 36 军官问题与拉丁方正交试验

1782 年，欧拉提出著名的 36 军官问题：

有 1，2，3，4，5，6 六个兵团，从每个兵团选出 A，B，C，D，E，F 六种军衔的军官各一名，把这 36 位军官列成方阵，使得每行每列的六位军官均来自不同的兵团且有不同的军衔。

欧拉潜心研究多时不得其解，他猜想 36 军官问题无解；欧拉猜对了。1900 年法国数学家塔瑞（Tarry）严格证明了 36 军官问题无解。

事实上，若 36 军官问题有解，则方阵中的 36 位军官若都亮出他们所在兵团的号码，则每一行每一列皆 1，2，3，4，5，6 的全排列，若亮出他们的军衔，则每行每列皆 A，B，C，D，E，F 的全排列。

把由 n 个两两相异的拉丁字母排成的方阵称为 n 阶拉丁方，如果其每行每列皆这些字母的全排列。

把拉丁字母换成别的什么东西也可以，例如每行每列是 1，2，…，n 的全排列的数字方阵也叫做 n 阶拉丁方。

36 军官问题的方阵可以分成两个拉丁方，一个由六种军衔构成，一个由六个兵团号码构成，如果 36 军官问题有解，由于每两个位置上是相异的两个人，如果先写兵团号码再写军衔，则 36 个位置上写出的内容两两相异。

把两个同阶拉丁方重叠，先写上层的元素再写下层的元素，如果抄出的 n^2 个符号两两相异，则称这两个 n 阶拉丁方正交。

36 军官问题即问相应的“军衔拉丁方”与“兵团号码拉丁方”是否正交。

2 阶拉丁方仅有两个

$$\mathbf{A}_2^{(1)} = \begin{pmatrix} 1 & 2 \\ 2 & 1 \end{pmatrix}, \mathbf{A}_2^{(2)} = \begin{pmatrix} 2 & 1 \\ 1 & 2 \end{pmatrix}$$

它们不会正交；除了两阶与 6 阶拉丁方出现不正交的现象，其他阶数的拉丁方都有正交者，例如

$$\mathbf{A}_3^{(1)} = \begin{pmatrix} 1 & 2 & 3 \\ 2 & 3 & 1 \\ 3 & 1 & 2 \end{pmatrix}, \mathbf{A}_3^{(2)} = \begin{pmatrix} 1 & 2 & 3 \\ 3 & 1 & 2 \\ 2 & 3 & 1 \end{pmatrix}$$

是正交的 3 阶拉丁方。

$$\mathbf{A}_4^{(1)} = \begin{pmatrix} 1 & 2 & 3 & 4 \\ 2 & 1 & 4 & 3 \\ 3 & 4 & 1 & 2 \\ 4 & 3 & 2 & 1 \end{pmatrix}, \quad \mathbf{A}_4^{(2)} = \begin{pmatrix} 1 & 2 & 3 & 4 \\ 3 & 4 & 1 & 2 \\ 4 & 3 & 2 & 1 \\ 2 & 1 & 4 & 3 \end{pmatrix},$$

欧拉（Euler，瑞士，1707～1783）

$$
\mathbf{A}_4^{(3)}=\begin{bmatrix}1&2&3&4\\4&3&2&1\\2&1&4&3\\3&4&1&2\end{bmatrix}
$$

是两两正交的 4 阶拉丁方。

正交拉丁方可以巧妙安排试验，使试验结果满意，且试验次数尽可能少。

例如试制一种新药，需要进行试验，以确定各种成分的最优剂量。设有 A，B，C，D 四种成分，每种成分取三种剂量来试验，欲得到一种满意的配方，如果所有的配方组合都进行试验，则试验次数为 $3^4=81$，今设计仅做九次试验，具体操作如下：

A_1，A_2，A_3 代表 A 的三种剂量，B_1，B_2，B_3 代表 B 的三种剂量，先考虑 A 与 B 的各种剂量搭配，共有以下九种

$$A*B=\begin{bmatrix} A_1B_1 & A_1B_2 & A_1B_3 \\ A_2B_1 & A_2B_2 & A_2B_3 \\ A_3B_1 & A_3B_2 & A_3B_3 \end{bmatrix}$$

再考虑 C 的三种剂量如何与 A，B 搭配，我们取 C 的三个剂量序号 1，2，3 构成三阶拉丁方

$$C=\begin{bmatrix} 1 & 2 & 3 \\ 2 & 3 & 1 \\ 3 & 1 & 2 \end{bmatrix}$$

把 C 的每一列写在 $A*B$ 每列的右侧得

$$(A*B,C)=\begin{bmatrix} A_1B_1C_1 & A_1B_2C_2 & A_1B_3C_3 \\ A_2B_1C_2 & A_2B_2C_3 & A_2B_3C_1 \\ A_3B_1C_3 & A_3B_2C_1 & A_3B_3C_2 \end{bmatrix}$$

由于 C 是 3 阶拉丁方，所以造成 A 的每个剂量与 C 的每个剂量各相配一次，B 的每个剂量与 C 的每个剂量各相配一次；这样，A，B，C 的剂量搭配就比较全面，而且仅仅有九次搭配。

最后再加入 D 的三个剂量来试验，为此构作 D 的三个剂量号码的三阶拉丁方 D，且要求 D 与拉丁方 C 正交，于是取

$$D=\begin{bmatrix} 1 & 2 & 3 \\ 3 & 1 & 2 \\ 2 & 3 & 1 \end{bmatrix}$$

把 D 的每一列抄在（$A*B$，C）相应列的右侧，得试验方案

$$(A*B,C,D)=\begin{bmatrix} A_1B_1C_1D_1 & A_1B_2C_2D_2 & A_1B_3C_3D_3 \\ A_2B_1C_2D_3 & A_2B_2C_3D_1 & A_2B_3C_1D_2 \\ A_3B_1C_3D_2 & A_3B_2C_1D_3 & A_3B_3C_2D_1 \end{bmatrix},$$

（$A*B$，C，D）中各项 $A_iB_jC_kD_l$ 表示做一次试验时，用 A 的第 i 剂量，B 的第 j 剂量，C 的第 k 剂量，D 的第 l 剂量搭配来进行，（$A*B$，C，D）的九个试验中效果最佳的那种处方即为所求的最佳处方的近似

配方。

上述这种运用正交拉丁方搭配进行试验的试验设计，分布均匀，试验次数少，程序也颇为规则有序，对于 $n+1$ 个因子，每个因子分 n 个水平的情形，用正交拉丁方安排试验，仅做 n^2 个试验即可，是一种有效算法型的试验，若全面试验，即所有可能的水平搭配都进行试验，则需 n^{n+1} 个试验，当 n 较大时，则成了天文数字，例如 8 个因子，每个因子分成 7 个水平，全面试验则需 $7^8=5764801$ 次试验，这 500 多万次试验是人力物力和时间所不允许的，而用正交拉丁方安排试验仅需 $7^2=49$ 次试验即可，由于正交拉丁方各种情形搭配均匀，试验结果仍然是可以满意的。

1.7 这些钱怎么花

父子上街，拿了九张人民币，其中 1 元三张，2 元两张，5 元一张，10 元一张，50 元一张，100 元一张，父问子曰：“如果售货员无钱找零，我们能买多少钱一份的商品，付款有几种方式？例如，我们可以买 7 元一份的商品，付款方式有付三张 1 元的，两张 2 元的；也可以付一张 5 元的，一张 2 元的；还可以付一张 5 元的，两张 1 元的；共三种付款方式。你能把一切可能的购物付款方式列出一个清单吗？”

儿子惑然，父提示说：“你们数学老师不是正在给你们讲授同底幂的乘法吗？”

儿子当然聪明，一点就透，他考虑片刻叫道：“老爸，听我给您讲，我把可以花出的钱数作底数 a（$a>0$）的指数，例如百元钞一张可以花出的方案是 a^0+a^{100}，2 元钞两张，可以花出的方案是 $a^0+a^2+a^4$，如果只花 2 元和 100 元的两种钞票，则

$$\begin{aligned}&(a^0+a^2+a^4)(a^0+a^{100})\\=&a^0+a^2+a^4+a^{100}+a^{102}+a^{104}\end{aligned}$$

即可以不花，对应上式 a^0 中的 0 指数，可以花出 2 元、4 元、100 元、102 元、104 元，花出的方式都是一种，见上式各项的系数。”

于是父子上街花钱方案的清单为

$$(a^0+a^1+a^2+a^3)(a^0+a^2+a^4)(a^0+a^5)(a^0+a^{10})$$
$$(a^0+a^{50})(a^0+a^{100})$$

$$
\begin{aligned}
&=a^0+a^1+2a^2+2a^3+2a^4+3a^5+2a^6+3a^7+2a^8+2a^9+3a^{10}+2a^{11}\\
&\quad+3a^{12}+2a^{13}+2a^{14}+3a^{15}+2a^{16}+3a^{17}+2a^{18}+2a^{19}+2a^{20}+a^{21}+a^{22}\\
&\quad+a^{50}+a^{51}+2a^{52}+2a^{53}+2a^{54}+3a^{55}+2a^{56}+3a^{57}+2a^{58}+2a^{59}+3a^{60}\\
&\quad+2a^{61}+3a^{62}+2a^{63}+2a^{64}+3a^{65}+2a^{66}+3a^{67}+2a^{68}+2a^{69}+2a^{70}\\
&\quad+a^{71}+a^{72}+a^{100}+a^{101}+2a^{102}+2a^{103}+2a^{104}+3a^{105}+2a^{106}+3a^{107}\\
&\quad+2a^{108}+2a^{109}+3a^{110}+2a^{111}+3a^{112}+2a^{113}+2a^{114}+3a^{115}+2a^{116}\\
&\quad+3a^{117}+2a^{118}+2a^{119}+2a^{120}+a^{121}+a^{122}+a^{150}+a^{151}+2a^{152}+2a^{153}\\
&\quad+2a^{154}+3a^{155}+2a^{156}+3a^{157}+2a^{158}+2a^{159}+3a^{160}+2a^{161}+3a^{162}\\
&\quad+2a^{163}+2a^{164}+3a^{165}+2a^{166}+3a^{167}+2a^{168}+2a^{169}+2a^{170}+a^{171}+a^{172}
\end{aligned}
$$

例如 $3a^{157}$，即可以拿出 157 元去花，有三种拿钱方式：100 元+50 元+5 元+2 元，100 元+50 元+5 元+1 元+1 元，100 元+50 元+2 元+2 元+1 元+1 元+1 元。

用这种技巧还可解决其他实际问题。

①今有红球两个，黄球两个，白球三个，同色球无区别；从中拿出四个球来，有几种取法？

用 r 代表红球，y 代表黄球，w 代表白球，则模仿上面花钱技巧得

$$(r^0+r^1+r^2)(y^0+y^1+y^2)(w^0+w^1+w^2+w^3)$$

$$
\begin{aligned}
&=r^0+r^1+r^2+y+ry+r^2y+y^2+ry^2+\underline{r^2y^2}+w+rw+r^2w+yw+ryw\\
&\quad+\underline{r^2yw}+y^2w+\underline{ry^2w}+r^2y^2w+w^2+rw^2+\underline{r^2w^2}+yw^2+\underline{ryw^2}+r^2yw^2\\
&\quad+\underline{y^2w^2}+ry^2w^2+r^2y^2w^2+w^3+\underline{rw^3}+r^2w^3+\underline{yw^3}+ryw^3+r^2yw^3\\
&\quad+y^2w^3+ry^2w^3+r^2y^2w^3
\end{aligned}
$$

拿出四球的项是：r^2y^2，r^2yw，ry^2w，r^2w^2，ryw^2，y^2w^2，rw^3，yw^3，指数是该色球取出的个数，例如 r^2y^2 是取两个红球，两个黄球；共有八种取法。

②邮局有 1 角，2 角，5 角，8 角，1 元的邮票，张数不限（可以不停地印制），可以贴出多少种不同的邮资？每种邮资有几种贴法？

考虑下面积的展开式

$$(a^0+a^1+a^2+a^3+\cdots)(a^0+a^2+a^4+a^6+\cdots)$$

$$(a^0+a^5+a^{10}+a^{15}+\cdots)(a^0+a^8+a^{16}+a^{24}+\cdots)$$

$$(a^0+a^{10}+a^{20}+a^{30}+\cdots)$$

$$=\frac{1}{1-a}\cdot\frac{1}{1-a^2}\cdot\frac{1}{1-a^5}\cdot\frac{1}{1-a^8}\cdot\frac{1}{1-a^{10}}$$

$$=\frac{1}{(1-a)(1-a^2)(1-a^5)(1-a^8)(1-a^{10})}$$

在1被多项式 $(1-a)(1-a^2)(1-a^5)(1-a^8)(1-a^{10})$ 除的商（按升幂排）中，某项 ka^m 表示可贴出邮资 m 角，贴的方式有 k 种。

③用1克，2克，3克，4克，5克，6克，7克，8克，9克，10克的10只砝码可称出多少种质量？各有几种可能的加砝码的方案？

$$(a^0+a^1)(a^0+a^2)(a^0+a^3)(a^0+a^4)(a^0+a^5)$$
$$(a^0+a^6)(a^0+a^7)(a^0+a^8)(a^0+a^9)(a^0+a^{10})$$

的展开式中的项 ka^m 指出可以称出 m 克的物质，其砝码的使用有 k 种方案。

上面我们讨论的是用已知的一些自然数组合成更大的自然数的各种可能的方案。这个问题的逆问题是所谓整数的“拆分”，例如5的拆分有以下七种方案：

5，4+1，3+2，1+2+2，1+1+3，1+1+1+2，

1+1+1+1+1

例如

$$(a^0+a^1+a^2+a^3+\cdots)(a^0+a^3+a^6+a^9+\cdots)$$
$$(a^0+a^5+a^{10}+\cdots)$$
$$=1\div(1-a)(1-a^3)(1-a^5)$$
$$=a^0+a^1+a^2+2a^3+2a^4+3a^5+3a^6+4a^7$$
$$+5a^8+\cdots$$

其中例如 $5a^8$ 表示把8拆分成若干奇数部分，且每个奇数不超过5的方案有五种：

1+1+1+1+1+1+1+1，1+1+1+5，

1+1+1+1+1+3，1+1+3+3，3+5

其他拆分仿此进行。

1.8 劝君多画示意图

有些计数问题，如果画个示意图，往往帮助我们确定计算的步骤，

直观准确地求得所求数值。极而言之，凡数学问题，大都应设法设计一个示意图，尤其是抽象的本来没有几何直观的问题，更需要示意图的启发。其中集合示意是常用的方法之一。请欣赏以下实例。

①一个特务班 12 名战士中，有 6 名搞侦察，7 名搞收发秘电，其中既搞侦察又搞收发的 4 人，问既不搞侦察也不搞收发的几人？

设搞侦察者组成集合 A，搞收发者组成集合 B，见示意图1-12，用 $\overline{A}$ 表示在 A 集之外特务班的人组成的集合，用 $|A|$ 表示 A 中的人数，则所求为

$$
\begin{aligned}
|\overline{A}\cap\overline{B}| &= 12-|A|-|B|+|A\cap B| \\
&= 12-6-7+4=3
\end{aligned}
$$

即不搞收发也不搞侦察的有 3 人。

②30 个房间，有 15 个房间装有电视机，8 个房间装有空调器，6 个房间装有电话机，且其中有 3 个房间每种设备都有，问至少几个房间没有提供上述任何三种设备？

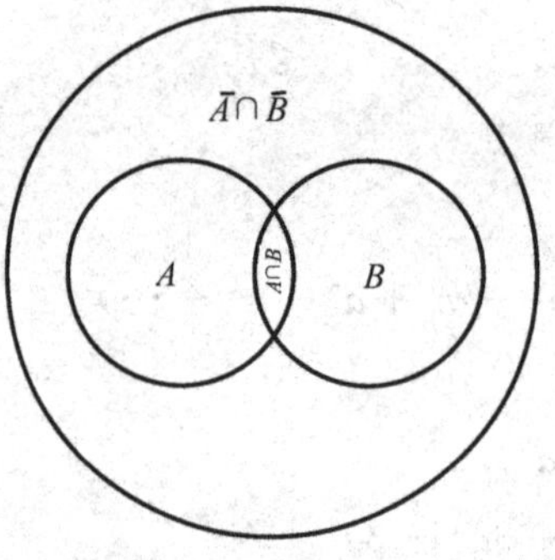

图 1-12

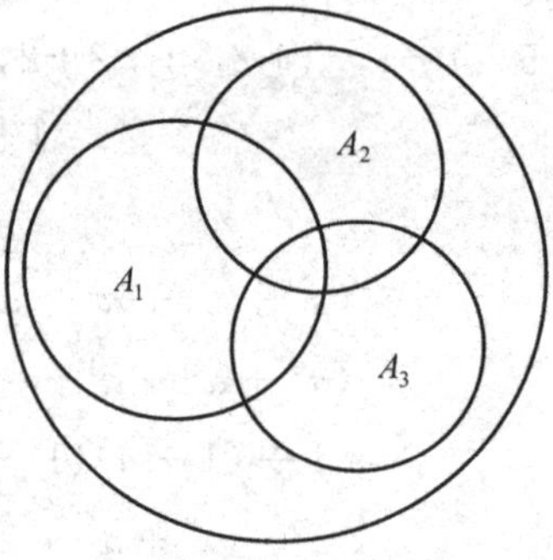

图 1-13

设 A_1，A_2，A_3 分别代表装有电视、空调和电话的房间组成的集合，则 $|A_1|=15$，$|A_2|=8$，$|A_3|=6$，$|A_1\cap A_2\cap A_3|=3$，见图 1-13。于是有

$$
\begin{aligned}
|A_1\cup A_2\cup A_3| &= |A_1|+|A_2|+|A_3|-|A_1\cap A_2| \\
&\quad -|A_1\cap A_3|-|A_2\cap A_3|+|A_1\cap A_2\cap A_3| \\
&= 15+8+6-|A_1\cap A_2|-|A_1\cap A_3|-|A_2\cap A_3|+3
\end{aligned}
$$

又 $|A_1\cap A_2\cap A_3|$ 不大于 $|A_1\cap A_2|$，$|A_1\cap A_3|$，$|A_2\cap A_3|$ 中的任一个，所以

$$|A_1 \cup A_2 \cup A_3| \leqslant 15+8+6+3-3-3-3=23$$

即不超过 23 个房间提供了上述某种设备，至少有 30－23＝7 间房子三种设备都没有。这里写的公式

$$|A_1 \cup A_2 \cup A_3| = |A_1| + |A_2| + |A_3| - (|A_1 \cap A_2| + |A_1 \cap A_3| + |A_2 \cap A_3|) + |A_1 \cap A_2 \cap A_3|$$

称为容斥原理，看图 1-13，欲求 $A_1 \cup A_2 \cup A_3$ 中元素个数，认为是 $|A_1|+|A_2|+|A_3|$ 可能多了，减掉 $|A_1 \cap A_2|+|A_1 \cap A_3|+|A_2 \cap A_3|$ 又可能减多了，再添上 $|A_1 \cap A_2 \cap A_3|$ 就恰好修正成 $|A_1 \cup A_2 \cup A_3|$ 的准确值。

相似地，还有公式

$$|A_1 \cup A_2| = |A_1| + |A_2| - |A_1 \cap A_2|$$

$$|A_1 \cup A_2 \cup A_3 \cup A_4| = |A_1| + |A_2| + |A_3| + |A_4| - (|A_1 \cap A_2| + |A_1 \cap A_3| + |A_1 \cap A_4| + |A_2 \cap A_3| + |A_2 \cap A_4| + |A_3 \cap A_4|) + (|A_1 \cap A_2 \cap A_3| + |A_1 \cap A_3 \cap A_4| + |A_1 \cap A_2 \cap A_4| + |A_2 \cap A_3 \cap A_4|) - |A_1 \cap A_2 \cap A_3 \cap A_4|$$

对于更多的集合，依此类似地可写出容斥公式。

③求 1～1000 这些自然数当中 3 或 4 或 5 或 7 的倍数的个数。

设 A_1，A_2，A_3，A_4 是分别被 3，4，5，7 除尽的不超过 1000 的正整数组成的集合，则

$$|A_1| = \left[\frac{1000}{3}\right] = 333, \quad |A_2| = \left[\frac{1000}{4}\right] = 250$$

$$|A_3| = \left[\frac{1000}{5}\right] = 200, \quad |A_4| = \left[\frac{1000}{7}\right] = 142$$

$$|A_1 \cap A_2| = \left[\frac{1000}{3\times 4}\right] = 83, \quad |A_1 \cap A_3| = \left[\frac{1000}{3\times 5}\right] = 66$$

$$|A_1 \cap A_4| = \left[\frac{1000}{3\times 7}\right] = 47, \quad |A_2 \cap A_3| = \left[\frac{1000}{4\times 5}\right] = 50$$

$$|A_2 \cap A_4| = \left[\frac{1000}{4\times 7}\right] = 35, \quad |A_3 \cap A_4| = \left[\frac{1000}{5\times 7}\right] = 28$$

$$|A_1 \cap A_2 \cap A_3| = \left[\frac{1000}{3\times 4\times 5}\right] = 16$$

$$|A_1 \cap A_2 \cap A_4| = \left[\frac{1000}{3\times 4\times 7}\right] = 11$$

$$|A_1 \cap A_3 \cap A_4| = \left[\frac{1000}{3\times5\times7}\right]=9$$

$$|A_2 \cap A_3 \cap A_4| = \left[\frac{1000}{4\times5\times7}\right]=7$$

$$|A_1 \cap A_2 \cap A_3 \cap A_4| = \left[\frac{1000}{3\times4\times5\times7}\right]=2$$

其中 $[x]$ 是 x 的整数部分，由容斥原理得

$$\begin{aligned}|A_1 \cup A_2 \cup A_3 \cup A_4| &= 333+250+200+142\\ &\quad -(83+66+47+50+35+28)\\ &\quad +(16+11+9+7)-2\\ &=925-309+43-2=657\end{aligned}$$

即 1～1000 的自然数中为 3 或 4 或 5 或 7 的倍数者有 657 个数。

④赵钱孙李周武郑王八人排成一个横队，但孙李有怨，郑王有怨，有怨的二人不能相邻，问有多少种排法。

设 A_1，A_2 分别表示孙李相邻和郑王相邻的排列之集合，则可以认为孙李绑在一起好似一个人，郑王绑在一起好似一个人，于是

$$|A_1| = |A_2| = 7! \quad |A_1 \cap A_2| = 6!$$

由容斥原理

$$|A_1 \cup A_2| = |A_1| + |A_2| - |A_1 \cap A_2| = 7! \times 2 - 6!$$

孙与李不相邻同时郑王也不相邻的排列个数为（图 1-14）

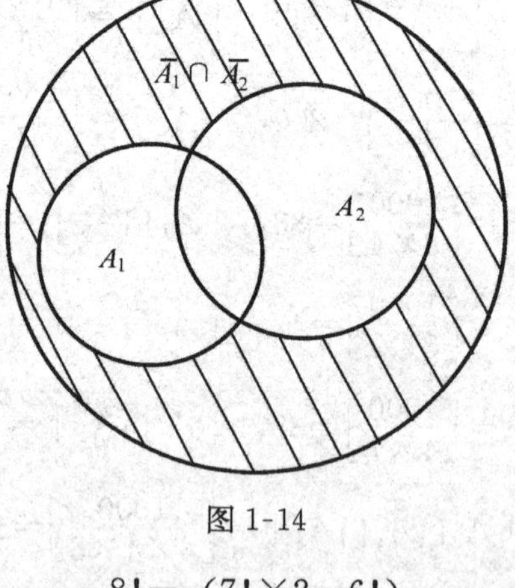

图 1-14

$$\begin{aligned}&8! - (7! \times 2 - 6!)\\ &=40320-10080+6!=30960\end{aligned}$$

1.9 棋盘之旅

旅行者在图 1-15 所示的棋盘路网上从 O 点向 A 点走去，他只上行或右行，但最右不能走到对角线 OA 右侧，问该旅行者可选的路线有多少种？

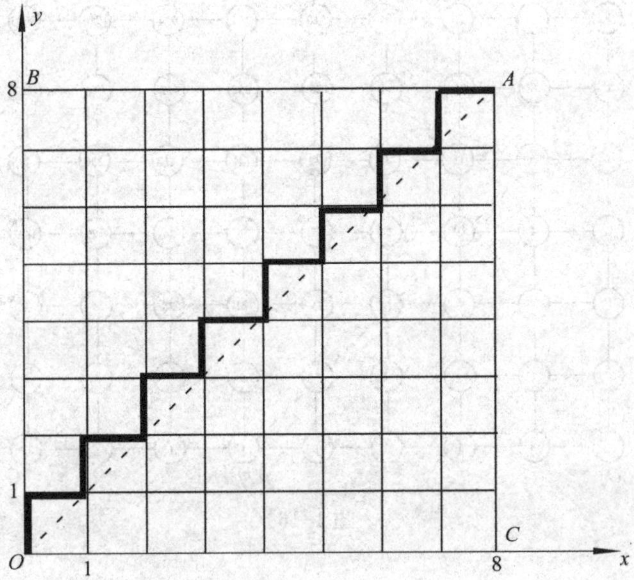

图 1-15

我们用画括号的办法记录旅行者的行迹，当他从一个街口上行时，画左括“(”；当他从一个街口右行时，画右括“)”。由于他不走到对角线 OA 右侧去，以 O 为原点，以水平方向为 x 轴，向上为 y 轴方向，每小格边长为 1，则该旅行者所到的每个街口之坐标都是纵坐标不小于横坐标，从而到每个街口时，记录下来的括号列总是左括不少于右括，且到达 A 时，左括与右括各占一半，于是旅行者的每个行迹皆由一个好括号列所刻画，而且每个好括号列对应着一个行迹，所以他的可能的路线有 $\frac{1}{8+1}C_{16}^{8}=1430$ 条。

如果允许走到对角线右侧，他的路线可能是多少？

图 1-16 中每个拐角（街口）标出的数字是旅行者行至该街口可能

的路线数目，行至 A 点可能有 12870 条路线可选，把图1-16以 O 为“顶”来看，图中数字恰为杨辉三角形，见图 1-17。

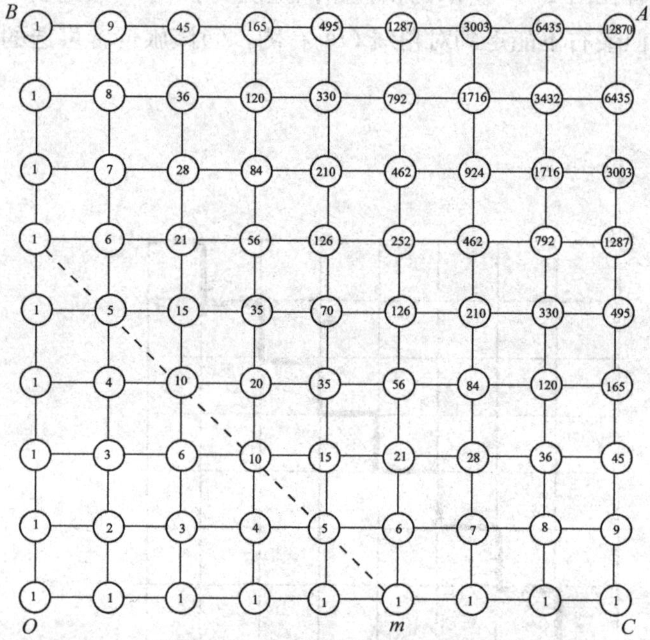

图 1-16

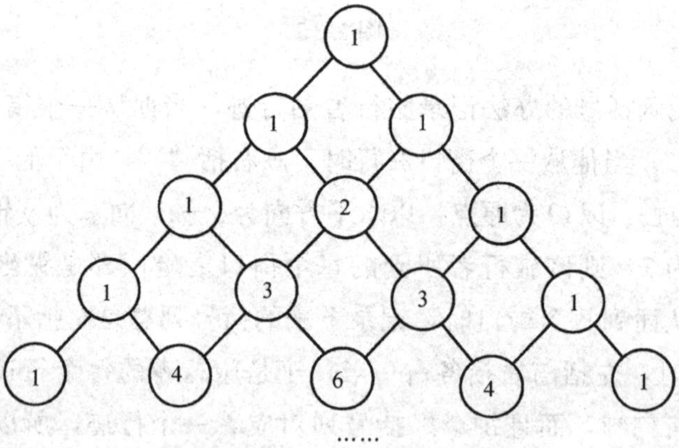

图 1-17

显然，只许上行与右行可以使行程最短，所以这 12000 多条路线的长度都是最短的，长皆为 16。

如果问旅行者有几种路线可选，使他由 O 点行至对角线 BC 上？

答曰：$2^8=256$，即有 256 种走法，可使其行至 BC 上。一般而言，当 $m\leqslant 8$ 时，有 2^m 个可能的路线使他行至 $x+y=m$ 这条直线上。

如果旅行者上行时每行到下一路口就休息一次，而右行可以一口气走任意多路口，问他从 O 点行至对角线 BC 上有多少种走法？这里的"走法"包括路线的选定以及休息的方式。

如果他行至 $x+y=m$ 的最后一次中途未休息的行走（$m\leqslant 8$）是上行，则他是在 $x+y=m-1$ 上最后一次休息的；设走至 $x+y=k$（$k\leqslant 8$）的方式数为 p_k，这时旅行者行至 $x+y=m$ 上的方式为 p_{m-1} 种。

如果他行至 $x+y=m$ 的最后一次中途未休息的行走是向右一直走到 $x+y=m$，这时，$p_m=p_1+p_2+\cdots+p_{m-1}+1$，事实上，他可以从 O 一次走到 $x+y=m$，也可以由 $x+y=1$，$x+y=2$，…，$x+y=m-1$ 一次走到 $x+y=m$。所以有

$$p_m=p_{m-1}+(p_1+p_2+\cdots+p_{m-1})+1 \tag{1.22}$$

$$p_{m-1}=p_{m-2}+(p_1+p_2+\cdots+p_{m-2})+1 \tag{1.23}$$

$m>2$，（1.22）－（1.23）式得

$$p_m-p_{m-1}=p_{m-1}-p_{m-2}+p_{m-1}$$

$$p_m-3p_{m-1}+p_{m-2}=0 \tag{1.24}$$

特征方程为

$$\lambda^2-3\lambda+1=0$$

$$\lambda_{1,2}=\frac{1}{2}(3\pm\sqrt{5})$$

$$p_m=C_1\left(\frac{3+\sqrt{5}}{2}\right)^m+C_2\left(\frac{3-\sqrt{5}}{2}\right)^m$$

由于 $p_0=1$，$p_1=2$，得

$$\begin{cases} C_1+C_2=1 \\ C_1\left(\dfrac{3+\sqrt{5}}{2}\right)+C_2\left(\dfrac{3-\sqrt{5}}{2}\right)=2 \end{cases}$$

$$p_m=\frac{1}{\sqrt{5}}\left[\left(\frac{1+\sqrt{5}}{2}\right)^{2m+1}-\left(\frac{1-\sqrt{5}}{2}\right)^{2m+1}\right]$$

即 p_m 是兔子数列 $f(n)$ 的第 $2m+1$ 项，令 $m=8$，则所求的旅行方式

有 f (17)=2584 种。

真没想到，在棋盘上旅游的问题竟与好括号列、兔子序列、杨辉三角有血缘关系！

1.10 中国筹码游戏

赌博中用来统计输赢的小牌子叫做筹码，如果甲输给乙一次，则把乙的筹码中拿一只放在甲的筹码堆中去。

两人玩筹码游戏，开始时，把全体筹码任意分成若干堆，然后甲乙二人轮流取走一些筹码，但只能从一堆上拿，不能不拿，每次拿多少不限，谁拿到最后一个筹码，谁是赢家。

例如有三堆筹码，个数记成 {1，2，3}，即有一堆只一个筹码，有一堆两只筹码，第三堆三只筹码。甲先拿，出现下面六种情形之一

$$\{0,2,3\},\{1,1,3\},\{1,0,3\},\{1,2,2\},\{1,2,1\},\{1,2,0\} \tag{1.25}$$

乙接着拿，乙对 (1.25) 中的每种情形，都会使之变成 $\{m, m\}$，$m\geqslant 1$。这时甲怎么办也得输了！因为这时，若甲把 $\{m, m\}$ 变成 $\{m\}$，则乙最后拿走 m 而取胜；不然，甲把 (m, m) 变成 (m, n)，$n<m$，乙拿时把它变成 $\{n, n\}$，直至变成 {1，1}，这时轮到甲拿，变成 {1}，乙拿走这最后一只筹码而获胜。反之，若是 $\{m, n\}$ 的局面，轮到甲拿，则甲使之变成 $\{n, n\}$，$(m>n)$，这时乙必败。

我们得出一个结论：对 $\{x, y\}$ 甲先拿，甲输的充分必要条件是 $x=y$。

对于开始时是 $\{1, 2, m\}$ $(m\geqslant 4)$，$\{1, 3, n\}$ $(n\geqslant 3)$，甲首先把它变成 {1，2，3} 而获胜。

如果我们用“逢 2 进 1”的二进制来表示自然数，则 1 表成 1，2 表成 10，3 表成 11，这三个数在二进制之下的每一数位上的数字之和都是 2；对于 $\{m, m\}$，把 m 表成二进制之后，这两个 m 在二进制之下每个数位上的数字之和不是 0 就是 2；我们看到，对于先手必败的情形，开始时各堆筹码数的二进制表达中，这几堆数目在同一数位上的数字之和（在十进制中）都是偶数。再看对于先手必胜的情形，例如 {5，5，6} 与 {6，6，7}，甲第一次拿走第三堆上的 6 或 7 个筹码，给乙造

成面临 {5，5} 的形势，由上述两堆先手必输的充要条件，乙必输，即甲必胜，我们把 5，6，7 表成二进制，5=101，6=110，7=111

$$\begin{array}{r} 5:101 \\ 5:101 \\ 6:110 \\ \hline 312 \end{array} \qquad \begin{array}{r} 6:110 \\ 6:110 \\ 7:111 \\ \hline 331 \end{array}$$

即这时这三堆在二进制表达中同一数位上的数字之和不全是偶数。至此我们猜测到：

先手必败的充分必要条件是各堆筹码数在二进制表达中同一数位上的数字之和皆偶数。

可以证明，这一猜想是成立的。

例如 {1，2，3，4}，在二进制中，1=1，2=10，3=11，4=100，在二进制中各数位数字之和分别为 1，2，2，所以甲必胜。具体对抗过程是甲先拿走了第四堆的四个筹码，给乙留下 {1，2，3} 的必败形势。

再看 $\{1,\ 2k,\ 2k+1\}$，$k\geqslant 1$。在二进制中，$1=1$，$2k=a_1a_2\cdots a_m0$，$2k+1=a_1a_2\cdots a_m1$，其中 a_1，a_2，…，$a_m\in\{0,\ 1\}$，$a_1\neq 0$。于是在 2 进制中三个数的各数位数字之和不是 0 就是 2，所以甲必输。具体对抗过程是：甲拿了一次后可能出现的形势是

$$\{2k,\ 2k+1\},\ \{1,\ 2k\},\ \{1,\ 2k+1\}$$

$$\{1,\ m,\ 2k+1\},\ \{1,\ 2k,\ r\}$$

对于 $\{2k,\ 2k+1\}$，乙使之变成 $\{2k,\ 2k\}$，这时甲必输。

对于 $\{1,\ 2k\}$，乙使之变成 $\{1,\ 1\}$，这时甲必输。

对于 $\{1,\ 2k+1\}$，乙使之变成 $\{1,\ 1\}$，这时甲必输。

对于 $\{1,\ m,\ 2k+1\}$，若 m 是偶数 $2l$，则乙使之变成 $\{1,\ 2l,\ 2l+1\}$，l 比 k 小；若 m 是奇数 $2n+1$，则乙从第三堆 $2k+1$ 中拿走一些，使其剩下 $2n$ 个筹码，于是变成 $\{1,\ 2n,\ 2n+1\}$，总之，会比原来的筹码减少，但仍是 $\{1,\ 2x,\ 2x+1\}$ 的形势。对 $\{1,\ 2x,\ 2x+1\}$ 再进行下去，最后会出现 $\{1,\ 1\}$，$\{2k,\ 2k\}$，$\{1,\ 2,\ 3\}$，这时轮到甲拿筹码，乙必胜。

对于 $\{1,\ 2k,\ r\}$，若 $r=2k$，则乙使之变成 $\{2k,\ 2k\}$，这时甲必败；若 $r<2k$，与 $\{1,\ m,\ 2k+1\}$ 的情形相似地乙可以使其变成

$\{1, 2s, 2s+1\}$，$s<k$，进而乙胜。

伟大的数学家冯·诺依曼曾建立了如下的定理：

一种具有完全确定的信息的游戏，必有一确定的取胜策略。

中国筹码游戏有完全确定的信息，若干堆的数量是确定的，这时，按冯·诺依曼的定理，甲乙谁能胜已经是事先唯一确定的，而且能胜者的取胜对策存在，如果能胜者不出昏招儿，他的胜利是确定无疑的。

1.11 组合在几何中作怪

组合在几何中作怪，一些几何难题采用组合技巧被降服的事我们已经见识过，例如闭曲线在平面上相交形成的区域数；把圆周 $2n$ 等分后，有多少种连接分点的无公共点的 n 弦组等怪题，就是运用组合的怪招儿解决的。现再提供若干精彩刁难的初等几何问题，需要借助组合技术来解答。

①平面上 20 个点，其中任三点不共线，问它们能确定多少条直线？多少个三角形？

因为任三点不共线，所以从 20 个点中每取两个点就可确定一条直线，共计能确定的直线条数为

$$C_{20}^{2}=\frac{1}{2}\times 20\times 19=190$$

从 20 个点中任取三点可确定一个三角形，共计能确定的三角形数目为

$$C_{20}^{3}=\frac{1}{6}\times 20\times 19\times 18=1140$$

②若凸 20 边形任三条对角线不在凸 20 边形内部交于一点，问全部对角线被它们的交点分成了多少线段？

凸 20 边形对角线总条数为 $C_{20}^{2}-20=170$。凸 20 边形上每四个顶点产生一条对角线交点，又无三条对角线在凸 20 边形内部交于一点，故对角线在凸多边形内的交点总数为 $C_{20}^{4}=4845$。由于每个交点在两条对角线上，每条对角线上每添加一个交点，则多分出一段线段，所以所求的线段条数为

$$170+4845\times 2=9860$$

③设想把平面上的每个点皆用红绿两种颜色之一着色，则存在两个

相似三角形，相似比是 2001，且这两个三角形每个的三个顶点同色。

以半径为 1 和 2001 做同心圆，在小圆上任取九点，由抽屉原理，其中必有五点同色，不妨设这五个同色的点为 A_1，A_2，A_3，A_4，A_5，做大圆半径 OB_i，使得 A_i 在 OB_i 上，$i=1$，2，3，4，5。则 B_1，B_2，B_3，B_4，B_5 中必有三个同色，设 B_i，B_j，B_k 同色，i，j，$k\in\{1,2,3,4,5\}$，则 $\triangle A_iA_jA_k \backsim \triangle B_iB_jB_k$，且此两个三角形每个的三顶点同色，相似比等于 2001，见图 1-18。

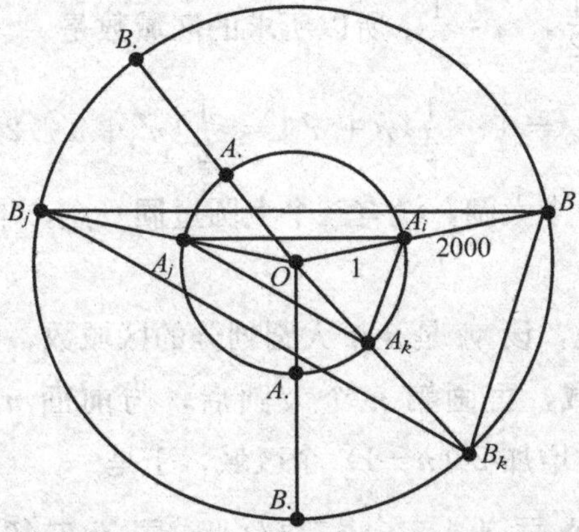

图 1-18

④平面上 n 条直线，没有两条是平行的，也没有三条是共点的，求它们把平面划分成的区域数目。

设 x_n 是 n 条题中所述的直线把平面划分成的区域数，当画了 $n-1$ 条直线，划分成 x_{n-1} 个区域后，再画第 n 条直线，它与前 $n-1$ 条直线中每条有一个交点，这 $n-1$ 个交点把第 n 条直线分割成 n 部分，每一部分增加一个平面区域，所以

$$\begin{cases} x_n = x_{n-1} + n & (1.26) \\ x_{n+1} = x_n + n + 1 & (1.27) \end{cases}$$

(1.26) － (1.27) 式得

$$\begin{cases} x_{n+1} - 2x_n + x_{n-1} = 1 & (1.28) \\ x_{n+2} - 2x_{n+1} + x_n = 1 & (1.29) \end{cases}$$

(1.28) － (1.29) 式得

$$x_{n+2} - 3x_{n+1} + 3x_n - x_{n-1} = 0$$

$$\lambda^3-3\lambda^2+3\lambda-1=0,\quad \lambda=1（三重根）$$

于是

$$x_n=c_1+c_2n+c_3n^2$$

c_1，c_2，c_3 待定。由于 $x_1=2$，$x_2=4$，$x_3=7$

$$\begin{cases}c_1+c_2+c_3=2\\c_1+2c_2+4c_3=4\\c_1+3c_2+9c_3=7\end{cases}$$

解得 $c_1=1$，$c_2=\frac{1}{2}$，$c_3=\frac{1}{2}$。所以所求的区域数是

$$x_n=1+\frac{1}{2}(n+n^2)=\frac{1}{2}(n^2+n+2)$$

⑤球面上有 n 个大圆，没有三个大圆过同一点，求这些大圆把球面划分的区域数。

与上题相似地，设 y_n 是 n 个大圆划分的区域数，则前 $n-1$ 个大圆划分成 y_{n-1} 个区域，再画第 n 个大圆后，与前面 $n-1$ 个大圆共有 2（$n-1$）个交点，增加 2（$n-1$）个区域，于是

$$y_n=y_{n-1}+2(n-1),y_{n+1}=y_n+2n$$

$$y_{n+1}-2y_n+y_{n-1}=2,y_{n+2}-2y_{n+1}+y_n=2$$

$$y_{n+2}-3y_{n+1}+3y_n-y_{n-1}=0$$

$$\lambda^3-3\lambda^2+3\lambda-1=0,\lambda=1（三重根）$$

于是

$$y_n=c_1+c_2n+c_3n^2$$

由于 $y_1=2$，$y_2=4$，$y_3=8$，于是

$$\begin{cases}c_1+c_2+c_3=2\\c_1+2c_2+4c_3=4\\c_1+3c_2+9c_3=8\end{cases}$$

解得 $c_1=2$，$c_2=-1$，$c_3=1$。所以题中的 n 个大圆把球面划分成的区域个数为

$$2+(-1)n+n^2=n^2-n+2$$

⑥空间有 $2n$ 个点，其中无四点共面现象，它们之间至少用 n^2+1 条线段相连，则这些线段中至少有三条构成一个三角形。

$n=2$ 时，即有四个点，用 $n^2+1=5$ 条线段连接，会出现两个三角形，见图 1-19。

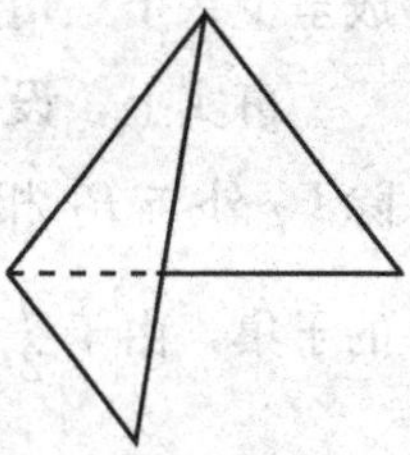

图 1-19

假设对 $n=k$ 时，命题已成立，往证 $n=k+1$ 时命题仍成立。

对于 $n=k+1$ 的情形，由于有 $(k+1)^2+1$ 条线段，所以可以从这 $2(k+1)$ 个点中找到两点 P_1，P_2；P_1，P_2 之间有线段连接，令 A 为除 P_2 之外与 P_1 相连的点组成的子集，B 为除 P_1 外与 P_2 相连的点组成的子集，见图 1-20。从 $2(k+1)$ 个点中删去 P_1，P_2 两点，剩下 $2k$ 个点，分两种情形：

情形 1　剩下的 $2k$ 个点间至少有 k^2+1 条线段，由归纳法假设，会产生三角形。

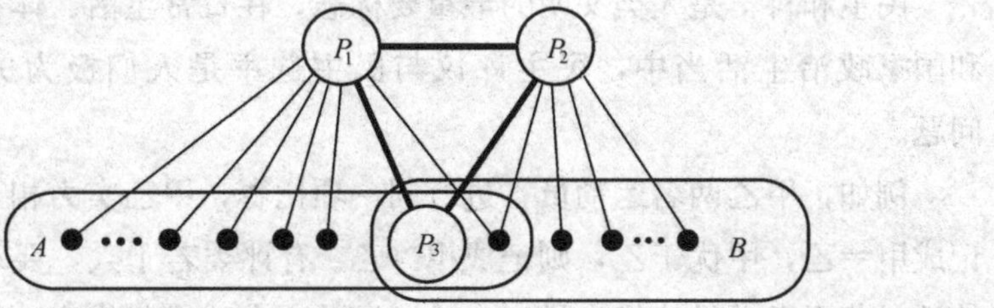

图 1-20

情形 2　剩下的 $2k$ 个点间最多 k^2 条线段。

由容斥原理

$$|A\cup B|=|A|+|B|-|A\cap B| \tag{1.30}$$

而 $|A\cup B|\leqslant 2k$，$(|A|+|B|+1)+k^2\geqslant (k+1)^2+1$，从而

$$|A|+|B|\geqslant 2k+1 \tag{1.31}$$

由 $|A\cup B|\leqslant 2k$ 及 (1.30)(1.31) 得

$$|A\cap B|\geqslant |A|+|B|-2k\geqslant 1$$

即存在 $P_3\in A\cap B$，可见对于 $n=k+1$ 的情形，有 $\triangle P_1P_2P_3$。

用上面的方法可以证明：

平面上由 n 个点组成的点集中，$n>3$，且其中无三点共线，又设自然数 k 满足 $\frac{n}{2}<k<n$，每个点都至少与 k 个点相连，则这些线段可以构

成至少一个三角形。

事实上，设 P_1P_2 是一条线段，P_1P_2 是题中点集中的点。令 A 为除 P_2 外与 P_1 相连的点组成的子集，B 是除 P_1 外与 P_2 相连的点组成的子集，由于$\frac{n}{2}<k<n$，以及每点至少与 k 点相连（图 1-20），则

$$|A|+|B|\geqslant 2(k-1)>n-2 \tag{1.32}$$

$$|A\cup B|\leqslant n-2 \tag{1.33}$$

把（1.32）与（1.33）式代入容斥原理（1.30）式得

$$|A\cap B|=|A|+|B|-|A\cup B|>n-2-(n-2)=0$$

即 $A\cap B\neq\varnothing$，存在 $P_3\in A\cap B$，可见存在$\triangle P_1P_2P_3$。

1.12　投票排列名次是否公正

民主和科学是人类文明的最重要标志，在日常生活、体育文娱比赛和国家政治生活当中，民主评议与民主选举是人们极为关心的热点问题。

例如，甲乙两名运动员，进行同一项比赛，甲乙实力相当时，约定记成甲＝乙，甲优于乙，则记成甲＞乙。有评委若干人，要求评委们集体地对若干运动员按优劣排序，应该用什么办法进行排序？排出的名次是否公正？

设评委集合为 $J=\{1,2,3,\cdots,n\}$，运动员集合为 $S=\{a,b,c,\cdots\}$，记 j 评委投票排出的序为 $p(j)$，$j\in J$。

显然有下列共识：

①对任意两个运动员 x，$y\in S$，$x>y$，$x=y$，$x<y$中仅有一种关系成立。

②当 $x\geqslant y$，$y\geqslant z$ 时，$x\geqslant z$，且仅当 $x=y$，$y=z$ 时，$x=z$，其中 x，y，$z\in S$。

集中各评委意见，最后选举结果的排序若按少数服从多数的民主精神，应如下进行：

x，$y\in S$，在所有投票 $p(j)$（$j=1,2,\cdots,n$）当中，仅当 $x>y$ 出现的次数超过$\frac{n}{2}$时，判定 $x>y$。

但这种貌似公正的选举有时会得不出公正的结果，例如

$$J=\{1,2,3\},\quad S=\{a,b,c\}$$

$$p(1)=abc,\ p(2)=bca,\ p(3)=cab$$

在 $p(1)$，$p(2)$，$p(3)$ 当中，$a>b$ 发生两次，过半数，应判 $a>b$；$b>c$ 也发生两次，过半数，应判 $b>c$；$c>a$ 也发生两次，过半数，应判 $c>a$。这就不能裁决 a，b，c 的名次了！

为了使得判决更有说服力，如下计算各运动员的实力：设 $B_j(x)$ 是 $p(j)$ 中 $<x$ 的元素的个数，即 $p(j)$ 这张票上排在运动员 x 之后的运动员的个数，应该说比 x 差的运动员越多，x 越强。令

$$B(x)=B_1(x)+B_2(x)+\cdots+B_n(x)$$

$B(x)$ 就是 x 的集体评判实力，$B(x)$ 越大，x 越强，仅当 $B(x)>B(y)$时，判 $x>y$。

但这种凭 $B(x)$ 的大小来裁判的办法，有时也会出现令人不服气的判决，例如

$$J=\{1,2,3,4,5\},\ S=\{a,b,c,x,y,z\}$$

$$p(1)=p(2)=p(3)=p(4)=xyzabc,\ p(5)=yzabcx,$$

则统计出 $B(x)=5+5+5+5=20$，$B(y)=4+4+4+4+5=21$，结果判定 $y>x$，x 不服，x 说："我优于 y 四次，而 y 优于我仅一次，怎么说我次于 y 呢！"

当然上面的少数服从多数以及以 $B(\cdot)$ 的大小论优劣的方法多数情况下还是可以得出合理裁决的。为了克服它们的缺点，人们寻找更科学的排名规则。

1951 年，阿罗（Arrow）提出四条大家都认为是公平的所谓"选举公理"。

公理 1 对每对运动员 x，$y\in S$，存在一种投票与判决，使得 $x>y$ 公正。

这条公理在选举结果公布之前是不会有人反对的，例如在每个 $p(j)$ 中，皆有 $x>y$，判 $x>y$ 当然公正。

公理 2 若第一次投票判决了 $x>y$，第二次再投票表决一次，第二次投票中所有的 $p(j)$ 中，x 的序号都未比第一次投票时增大，其他运动员次序不变，则第二次仍判 $x>y$。

这条公理是说 x 在第二次投票中，在评委的心目中其相对地位并未变低，甚至有所提高，其他运动员的次序又无变化，则第二次的判决对 x 而言不会比第一次差，仍然是 $x>y$。

公理 3 $S_1 \subseteq S$，在两次投票当中，每个评委对 S_1 中运动员之间的排序不变，则两次判决中，S_1 中各运动员间的先后次序不变。

这一公理是说，既然每个评委两次投票对一部分运动员之间的先后次序都保持不变，那么仅就这部分运动员而言，两次判决的结果中，他们之间的排序也不会变动。

公理 4 对任何一对运动员 x，$y \in S$，仅当 $p(k)$ 中 $x>y$ 时才有最后判决 $x>y$，则应把 k 从评委中清除，即 $k \notin J$。

公理 4 是说，如果每对运动员谁优谁劣，别的评委说话不算数，只听 k 号评委一人的意见，事实上，k 恰似秦始皇之流的独裁者，在当今讲民主讲人权的世界潮流之中，这种蛮横专制的独裁者必须推翻。

下面讨论在遵循以上四条选举公理的选举中，结果是否公正。

当仅有两名运动员时，且评委不少于两名，“少数服从多数”的选举规则显然满足公理 1 到公理 4。事实上，当所有评委都评 $x>y$，即所有 $p(j)$ 中都是写的 $x>y$，则必须判定 $x>y$；即存在一种投票与判决，使得 $x>y$ 公正，公理 1 满足。因为仅两个候选人，所以公理 2 与公理 3 显然满足。设只有 $p(i)$ 一张票中 $x>y$，但 $p(j)$ 中皆 $x<y$，$i \neq j$；按少数服从多数的原则，不采纳 i 的意见，判 $x<y$，即公理 4 满足。但对候选人多于两个，且评委至少两名的情形，却有下面令人惊讶的结论：

当运动员不少于三名，评委不少于两名的情形，不存在满足公理 1 至公理 4 的评比排序规则。

这一结论无非是说，如果认为只有满足公理 1 至公理 4 的评比排序才是公正的，那么没有公正的评比。

事实上，若 x，$y \in S$，$J_0 \subseteq J$，只要对每个 $j \in J_0$，$p(j)$ 中 $x>y$，则判决 $x>y$，这时称 J_0 是 x，y 的“决定集”。决定集是存在的，J 就是最大的决定集。可见 x，y 的决定集乃是一种“集体独裁”，即不管 J_0 之外的评委如何反对，只要 J_0 中的评委一致说 x 优于 y，则裁决 x 优于 y。这也就是说，决定集 J_0 是这种集合，对一切 $j \in J_0$，$p(j)$ 中皆 x

$>y$，而对一切 $j\in J-J_0$，p（j）中皆 $x<y$，但仍判决 $x>y$。由此可以推导出：

若 J_0 是人数最少的决定集，则 J_0 中只有一位评委，于是独裁者不可避免！

事实上，若 J_0 是人数最少的决定集，但 $|J_0|>1$，设 $j\in J_0$，则 $J_0-\{j\}\neq\varnothing$，若 J_0 是 x，y 的决定集，设 $S=\{x,y,z\}$，且

$$p(j)=xyz;p(i)=zxy,i\in J_0-\{j\}$$

$$p(l)=yzx,l\in J-J_0$$

由于 J_0 是 x，y 的决定集，则应有 $x>y$；如果判 $z>y$，则$J_0-\{j\}$是 y 与 z 的决定集，与 J_0 是最小决定集相违，所以这时必须判 $y\geqslant z$。于是有判决 $x>y\geqslant z$，从而 $x>z$，此表明 $\{j\}$ 是 x，z 的决定集，与 J_0 是最小决定集相违，所以 $|J_0|$ 不能大于 1，J_0 只一位评委 j 组成。j 岂不成了独裁者！此违反了公理 4，可见阿罗选举公理也有自相矛盾的可能。

我们看到，如果仅仅谈谁优谁劣，按各评委的选票排序，有时很难做到合理公正，如果把候选人各方面的表现加权打分，就公正合理得多了。

例如某校有四位候选人竞选校长，选民对他们的领导才能、学问人品、年龄身体三个主要方面进行打分，选举委员会对每个候选人的三个方面用计算机算出平均分数，再通过民意测验定出对于一个校长而言人品学问、年龄身体、领导才能的重要性所占的比重百分比，见图 1-21，“身”代表年龄身体，“品”代表学问人品，“能”代表领导才能，图 1-21 中由(校长)中经(身)(品)(能)到(甲)有三条轨道，把每一轨上的分（权）数相乘，三个积相加则是甲的综合得分。对乙、丙与丁也仿照甲得出综合得分

$$\begin{aligned}甲&=95\times20+60\times30+70\times50\\&=1900+1800+3500=7200\\乙&=90\times20+70\times30+80\times50\\&=1800+2100+4000=7900\\丙&=80\times20+80\times30+90\times50\\&=1600+2400+4500=8500\end{aligned}$$

$$丁 = 90 \times 20 + 80 \times 30 + 90 \times 50$$
$$= 1800 + 2400 + 4500 = 8700$$

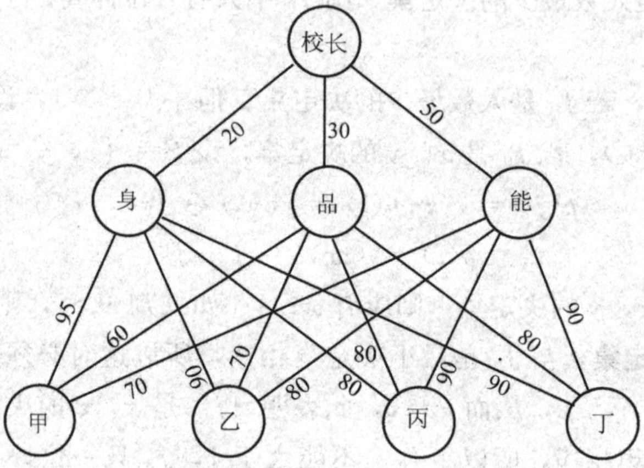

图 1-21

丁的综合得分最高，丁当选本届校长。

这种分层次加权，分析综合的“层次分析”方法，还可用于填报高考志愿、选购商品、为运动员或演员打分等实际活动中的评比排序。

1.13 合时容易分时难

全班 65 位同学分成两组进行体育活动，之后两组合在一起到教室听老师的数学课。老师说：“把两组合起来很容易，只是个简单的加法；反过来，若问把全班分成两个组，有几种分法，每天按一种分法进行体育活动，能够进行多少天，请各位同学算算看！分成 3 个组、4 个组呢?”

一位参加过数学奥林匹克冬令营的同学立刻起立答道：

第一类分法是：1 组 1 人，另一组 64 人，共有 C_{65}^1 种分法。

第二类分法是：1 组 2 人，另一组 63 人，共有 C_{65}^2 种分法。

依此类推，到第 32 类分法是：1 组 32 人，另一组 33 人，之后各组恰好重复前 32 类分法，所以分组方式的总数是

$$\frac{1}{2}(C_{65}^1 + C_{65}^2 + \cdots + C_{65}^{32} + C_{65}^{33} + \cdots + C_{65}^{64})$$
$$= \frac{1}{2}[(2^{65} - 2)] = 2^{64} - 1$$

这位同学得出这个结论后，全班同学都惊呼起来，这个数不正是“梵塔探宝黄粱梦”一课中讲的移动金盘的次数吗！需要 5 亿亿天以上活动才能完毕呢！

至于分成 3 组，4 组，……的情形，一时没有同学提供正确答案，只有听老师分析解答了。老师先讲了一个一般性的公式：

若把 n 位同学分成 m 组（$n>m$）可能的方式数目记成 $S_2(n,m)$，则

$$S_2(n,m)=mS_2(n-1,m)+S_2(n-1,m-1),\quad (n>1,m>1) \tag{1.34}$$

事实上，设 b_1，b_2，…，b_n 是 n 位同学，分情形分析之：

情形 1 若 b_k 同学自己一组，则分组方式数为 S_2（$n-1$，$m-1$）。

情形 2 若 b_k 与一些同学在一组，先让 b_k 不参加，这时$n-1$个同学分组方式数为 S_2（$n-1$，m）；然后让 b_k 参加一个组，b_k 共有 m 种选择，所以这时的分组方式数为 mS_2（$n-1$，m）。

由情形 1 与情形 2 知

$$S_2(n,m)=mS_2(n-1,m)+S_2(n-1,m-1)$$

再用（1.33）公式来计算 65 位同学分三组的方式数目

$$\begin{aligned}
S_2(65,3)&=3S_2(64,3)+S_2(64,2)\\
&=3[3S_2(63,3)+S_2(63,2)]+S_2(64,2)\\
&=3^2S_2(63,3)+3S_2(63,2)+S_2(64,2)\\
&=3^2[3S_2(62,3)+S_2(62,2)]+3S_2(63,2)+S_2(64,2)\\
&=S_2(64,2)+3S_2(63,2)+3^2S_2(62,2)+\cdots\\
&\quad+3^{61}S(3,2)+3^{62}S_2(3,3)\\
&=(2^{63}-1)+3(2^{62}-1)+3^2(2^{61}-1)+\cdots\\
&\quad+3^{61}(2^2-1)+3^{62}\\
&=2^{63}+3\times2^{62}+\cdots+3^{61}\times2^2+3^{62}-3^{61}-3^{60}\\
&\quad-\cdots-3^2-3-1\\
&=2^{63}+3\times2^{62}+\cdots+3^{61}\times2^2+3^{62}-\frac{3^{62}-1}{3-1}\\
&=2^{63}+3\times2^{62}+3^2\times2^{61}+\cdots+3^{61}\times2^2\\
&\quad+\frac{3^{62}+1}{2}
\end{aligned}$$

这是一个非常庞大的数字！

公式（1.34）还有许多应用，例如：

某大学计算机科学技术系有 10 名毕业生分配到 8 个省计算中心工作，问有多少种分配方案？

此题就是求 $S_2(10, 8)$，由公式（1.33）得

$$\begin{aligned}S_2(10,8) &= 8S_2(9,8)+S_2(9,7)\\ &= 8C_9^2+7S_2(8,7)+S_2(8,6)\\ &= 8C_9^2+7S_2(8,7)+6S_2(7,6)+S_2(7,5)\\ &= 8C_9^2+7C_8^2+6C_7^2+5S_2(6,5)+S_2(6,4)\\ &= 8C_9^2+7C_8^2+6C_7^2+5C_6^2+4S_2(5,4)+S_2(5,3)\\ &= 8C_9^2+7C_8^2+6C_7^2+5C_6^2+4C_5^2+3S_2(4,3)\\ &\quad +S_2(4,2)\\ &= 8C_9^2+7C_8^2+6C_7^2+5C_6^2+4C_5^2+3C_4^2\\ &\quad +2^{4-1}-1\\ &= 750\end{aligned}$$

由公式（1.34）可以用 $S_2(n, m)$ 构成状似杨辉三角的数表，见图 1-22。

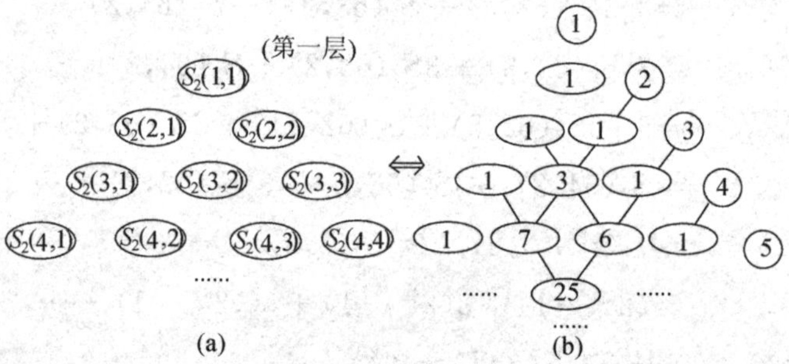

图 1-22

例如 3＝1×②＋1，7＝3×②＋1，25＝6×③＋7，即第 n 层的数 $S_2(n, i)$是第 $n-1$ 层上 $S_2(n, i)$ 右上方的数乘以右上方圈里的数加上第$n-1$层上 $S_2(n, i)$ 的左上方的数得出的。

数学无处不在，同学分组活动这么一件日常生活极为平凡的事情，若不认真去研讨，感觉不到之中会有什么深刻的数学内容。一经分析，

却发现了上述令人惊叹的数学结论。

数学上称 S_2（n，m）为第二类斯特林（J. Stirling，1692～1770）数，Stirling 数和 Catalan 数是组合数学当中一对孪生姊妹，两者都妙不可言，应用极广。

1.14 夫妇入席问题

n 对夫妇出席宴会，围圆桌而坐，要求同一对夫妇不要相邻，问有多少种入席方式？

把圆桌旁的 $2n$ 把椅子从 1 到 $2n$ 按顺时针编号，若不限制一对夫妻是否相邻，共有（$2n$）！种入席方式。记同一对夫妻不相邻的入席方式为 m_n 种，而有 k 对夫妻每家都相邻而坐时的入席方式为 w_k 种，则由容斥原理得

$$m_n=(2n)!-C_n^1w_1+C_n^2w_2-C_n^3w_3+\cdots+(-1)^nw_n \quad (1.35)$$

设想把邻座的 k 对夫妻的姓名写在长方形的纸片上状如 $\boxed{h_i\,|\,w_i}$，h_i 是第 i 丈夫，w_i 是 h_i 之妻。这种纸片每张恰盖住两把相邻的椅子。用这些纸片去单层覆盖某些相邻的椅子，共有 $d_kk!\,2^k$ 种方式，其中 d_k 是不看每张纸片上写的内容（即家庭）时可能安排这些纸片的方式数目。另外的 $2n-2k$ 位客人有（$2n-2k$）！种入席方式，所以

$$w_k=d_kk!2^k(2n-2k)!,\ k=1,2,\cdots,n \quad (1.36)$$

下面计算 d_k 的值。这时，可以视每张纸片为圆周上的点，把未被纸片盖住的椅子也视为圆周上的点，共有 $2n-k$ 个点；这时对这 $2n-k$ 个点再编一套号码（顺时针），因这套新编号码的第 1 号有 $2n-k$ 种取法，所以相应于两套号码，纸条的安排有（$2n-k$）d_k 种。

再用另一种角度来统计纸条的安排方式数，首先在编了号的 $2n-k$ 个圆周上点中取出 k 个作为纸条，取法有 C_{2n-k}^k 种，然后把纸条对应的点变成两个，于是圆周上变成 $2n$ 个点，再把这 $2n$ 个点按顺时针方向编号，与上面相似地可知纸条的安排方式有 $2nC_{2n-k}^k$ 种。于是得

$$2n\,C_{2n-k}^k=(2n-k)d_k,d_k=\frac{2n}{2n-k}C_{2n-k}^k \quad (1.37)$$

（1.37）代入（1.36）得

$$w_k=\frac{2n}{2n-k}C_{2n-k}^{k}\cdot k!2^k(2n-2k)!$$
$$=2n(2n-k-1)!2^k \tag{1.38}$$

(1.38) 代入 (1.35) 得

$$m_n=(2n)!-C_n^1 2n\times 2\times(2n-2)!+C_n^2 2n$$
$$\times 2^2(2n-3)!-\cdots+(-1)^n 2n(n-1)!2^n$$

例如 $n=10$ 时，$m_{10}=826060810479206400$。

如果对夫妇入席问题再提出“男女必须相间”的补充规定，问入坐的方式有几种？

用 M_n 表示所问的入坐方式的数目。如果不考虑同一对夫妻是否相邻，只考虑男女相间而坐，把椅子按顺时针顺序编号后，1 号坐男还是坐女有两种选择，而女士们有 $n!$ 种入坐方式，男士们也有 $n!$ 种入坐方式，共计 $2(n!)^2$ 种入坐方式。再用容斥原理删除同一对夫妻相邻的（不允许）情形，则

$$M_n=2(n!)^2-C_n^1 w_1+C_n^2 w_2-\cdots+(-1)^n w_n \tag{1.39}$$

其中 w_k 是有 k 对夫妻相邻而坐时的入坐方式数目，与上面相似地可得

$$w_k=2\times d_k\times k![(n-k)!]^2 \tag{1.40}$$

(1.40) 代入 (1.39) 得

$$M_n=2(n!)^2-2\times n!\frac{2n}{2n-1}C_{2n-1}^{1}(n-1)!+\cdots$$
$$+(-1)^k 2\times n!\frac{2n}{2n-k}C_{2n-k}^{k}(n-k)!+\cdots$$
$$+(-1)^n 4\times n! \tag{1.41}$$

例如 $n=10$ 时，$M_{10}=3191834419200$。即使做了男女相间和一家人不许相邻等限制，这种圆桌入席的方式仍有 3 万亿多种！这也只能是说说而已，真要把这么多种方式都试坐一番，时间不够用。组合问题一般都有十分大的时间复杂度，即实现各种可能所需要的时间十分久，以至于不可能实现出来。

1.15 把握机会，成自险出

掷骰子是一种机会游戏，骰子是在立方体（一般是牛骨制成）的六个面上分别刻上 1 个，2 个，3 个，4 个，5 个，6 个“点儿”，两人赌

博时，掷出的骰子向上的面上点多者赢，这纯属碰运气。事实上，每次掷扔，每个面朝上的机会均等，都是$\frac{1}{6}$。骰子这个玩意儿历史悠久，考古学家从伊拉克北部发现了公元前2000多年前的骰子，虽然自古各国都明令禁赌，但大多数国家都屡禁不止。赌博有百害但也有一功，就是它引起了一些数学家的注意，并从中酝酿提炼出一门称为概率论的数学分支，例如伽利略、帕斯卡、费马都是最早研究赌博中的概率问题的代表人物。

概率已经成了世界公认的数学专用名词，其实称它为“机会”更直白、更准确，也许是由于嫌机会这个词“太土”，才用了“概率”这个似显文雅的专业名词。事实上，叫什么都无所谓，你看玫瑰花，不管把它称为什么，看起来还是那么美，闻起来还是那么香。我们知道了，所谓概率大就是机会大，例如电视台天气预报说本市明天降水的概率是40%，就是在告诉我们明天下雨（雪）的机会是40%。如此说来，掷骰子掷出偶点儿的概率是$\frac{1}{2}$，掷硬币掷出国徽面的概率是$\frac{1}{2}$，生女孩生男孩的概率也是$\frac{1}{2}$，等等。当然并不是什么事情出现的机会都是一半对一半，一般需要进行认真的计算。下面是几个小实例。

①m个红球，n个白球，其质地和大小都一样，放入一个布袋中，搅拌后从中任意摸出r个球，$r<m+n$，问这r个球全是红球的概率是多少？

从$m+n$个球中任意抽取r个球的方式数为C_{m+n}^r，从m个红球中抽出r个的可能方式有C_m^r种，所以从袋子中摸出的r个球全红的机会的大小为

$$C_m^r \div C_{m+n}^r = \frac{m!}{r!(m-r)!} \cdot \frac{r!(m+n-r)!}{(m+n)!}$$

$$= \frac{m!(m+n-r)!}{(m+n)!(m-r)!}$$

例如袋子里原有10个红球，10个白球，抽得10个球全红的机会为

$$\frac{10!\ (10+10-10)!}{0!\ (10+10)!} = 0.0000054\ (0!=1)$$

只有大约百万分之五的可能抽得的十个球全红（或全白），这个机会太

小，几乎是不能实现的事。

②甲乙二人赌博，各下赌注 500 元，约定先胜三局者把 1000 元赌注全拿走。设两人赌技相当，赌了三局，甲以 2∶1 暂时领先，这时忽闻人呼：抓赌的来了！甲乙落荒而逃，到一个隐蔽处去分赌本，问这时应如何分这 1000 元赌本才使两赌徒都心服口服？

一种方案是没有赌完，各拿回自己的 500 元赌本，但甲不同意，他认为自己已经多赢一局，应多拿。第二种方案是全归甲；乙不服，乙说再赌下去也许他会连扳两局呢！第三种方案是按赢的比例分配，甲拿 1000 元的$\frac{2}{3}$，乙拿$\frac{1}{3}$。仔细分析起来，按比例似合乎人们的心理习惯，但也并不合理。事实上，甲乙若继续赌下去，至多再两局可见胜负，即平时所言的"五打三胜"。两局有四种可能性：甲连胜，甲乙各胜一局甲先胜，乙甲各胜一局乙先胜，乙连胜。由于二人赌技相同，以上四种可能出现的机会是一致的，而前三种结果都造成甲最后的胜利，所以甲在此未进行到底的赌博中得胜的机会是$\frac{3}{4}$，甲应分得赌注 750 元。

历史上，17 世纪赌徒梅累（Mere）向帕斯卡提出这个问题（本题数据有改动），帕氏苦想很久才得到解答。1654 年 7 月 29 日，帕斯卡把他的解法寄给了费马，两人继续通信深入讨论了与此有关的概率问题。16 世纪意大利数学家卡丹写了《论赌博》一书，算是概率方面的第一本著作，1713 年，雅可布·伯努利出版名著《猜度术》，1760 年法国的蒲丰写出《偶然性的算术试验》，1812 年拉普拉斯出版《分析概率论》，1896 年，我国翻译成汉语的第一本概率著作是《决疑数学》；我国已是当今概率方面的强国，北京大学已故教授许宝騄等人在现代概率论与数理统计方面达到了世界领先水平。

③n 个人 v_1，v_2，…，v_n 随机地排成一路纵队，v_2 紧跟在 v_1 后面的概率是多少？

n 个人的随机排列共 $n!$ 种可能，v_2 紧跟 v_1 的事件有 $n-1$ 种可能，即 v_1 为排头，v_2 排第二，或 v_1 排第二，v_2 排第三，…，v_1 排第 $n-1$，v_2 排队尾。

费马（Fermat，法国，1601～1665）

其他的 $n-2$ 人有 $(n-2)!$ 种排法，所以所求概率为

$$\frac{(n-1)[(n-2)!]}{n!}=\frac{1}{n}$$

④从有 10 条金鱼的鱼缸中捉出一条金鱼后再放回鱼缸，这样一直抓过五次鱼，指定的一条鱼被抓三次的概率是多少？

因为第一次抓有 10 种可能性，第二次，……第五次也都有 10 种可能，共计 10^5 种可能性；在五次抓鱼中指定的鱼抓住三次的各种可能为 C_5^3 种，每种可能出现时其余两次捉鱼的方式有 9^2，故所求概率为

$$C_5^3\,\frac{9^2}{10^5}=0.0081$$

雅可布·伯努利（Jacob Bernoulli，瑞士，1654～1705）

让我们从数学上把上面几个实例略加总结，在现实世界当中，许多现象是事先无法断定其结果的，例如掷骰子，骰子没有落稳之前，谁也不知道它朝上的一面是几个点儿，每掷一次，就是一次随机试验，每次随机试验可能得到的结果称为基本事件。例如掷骰子这种随机试验共有六个可能的结果，它的基本事件个数是 $n=6$。这些基本事件出现的可能性或称机会是均等的，其中我们关心的事件 A 若可能出现 m 次，例如掷骰子出现六个点是我们关心的事件 A，$m=1$。则 $P(A)=\frac{m}{n}$ 为事件 A 的古典概率，$P(A)$ 中的 P 是 Probability 的字头，掷骰子中事件 A 的

拉普拉斯（Laplace，法国，1749～1827）

概率 $P(A)=\frac{1}{6}$。在古典概率当中基本事件是有限的。冠以“古典”两个字是因为在概率的初创时期，研究赌博等活动时的思路与方法就是如此，它主要借助于组合数学的一些初等的古典的计数方法来进行计算。

⑤已知事件 A 的概率是 p，条件不变的情况下试验 n 次，事件 A 出现 r 次的概率是多少？

例如掷骰子，出现六个点的概率为$\frac{1}{6}$，若共掷了六次，掷出三次六个点儿的"好事儿"的概率是多少？或者一台机床加工零件的合格率是$\frac{8}{10}$，如果这台机床共产生了八个零件，其中有七个是合格品的概率是多少？

这种问题涉及的是每次随机试验只有成功或失败两种结果，所以格外引人注意；同时每次试验是独立进行的，例如掷骰子，上次掷出几个点，并不影响下一次的成败（六个点算成功），每次试验的条件是相同的，从而每次试验成败的机会是一致的。

这种问题可以直观地转述成如下问题：

在 n 个袋子里都放入 M 个红球和 $N-M$ 个白球，袋子编号为 1，2，…，n，依次从每个袋子中各取出一个球为 n 次试验，那么从一个袋子中抽得的是红球这种事件 A 的概率为 $p=\frac{M}{N}$，问的是抽出的这 n 个球中恰有 r 个是红球的概率是多少？这里把每两个球都视为相异的。

从 n 个袋子里各取一球的可能性为 N^n 种，下面计算其中恰有 r 个球是红色的可能性有几种。r 个红球分别来自 r 个袋子，这些红球出自那些袋子的可能性有 C_n^r 种；对这每种可能性，从其每袋中抽一红球的可能性有 M^r 种，从其余的 $n-r$ 个袋子中各抽一个白球，其可能性是 $(N-M)^{n-r}$种，所以抽出的 n 个球中恰有 r 个红球这一事件 A 的可能性有 $C_n^rM^r(N-M)^{n-r}$种，从而 $P(A)$ 为

$$P(A)=\frac{1}{N^n}C_n^rM^r(N-M)^{n-r}=C_n^rp^r(1-p)^{n-r} \tag{1.42}$$

如果把从一个袋子里抽得一只红球算做一次胜利，抽得白球算做一次失败，则每次失败的概率为 $1-p$，令 $q=1-p$，每次成功的概率为 p，(1.42) 可改写成

$$P(A)=C_n^r\,p^rq^{\,n-r} \tag{1.43}$$

真是巧得很，$P(A)$ 恰为 $(q+p)^n$ 展开式的第 $r+1$ 项，所以 (1.43) 表达的概率也称为"二项概率"。

回到开始的两个具体问题。六次掷骰子出了三次"六个点儿"，$p=\frac{1}{6}$，$n=6$，$r=3$，代入二项概率公式 (1.42) 得

$$C_6^3\left(\frac{1}{6}\right)^3\left(1-\frac{1}{6}\right)^3=20\times125\div46656\approx0.054$$

即连掷六次得三次六个点儿的概率是 0.054。

生产八个零件七个合格的那个问题中，$n=8$，$r=7$，$p=0.8$，代入公式（1.43）得

$$C_8^7(0.8)^7(0.2)^1=8\times(0.8)^7\times 0.2$$
$$\approx 8\times 0.21\times 0.2=0.336$$

即连产八个零件有七个合格的概率是 0.336，这种可能性并不大！可见合格率低于 80%是不能令人满意的。

《汉书·高帝纪》上记载了刘邦的话曰："夫运筹帷幄之中，决胜千里之外，吾不如子房。"子房者，即张子房，又名张良。刘邦出身草莽，个人成分流氓，他起兵夺天下，靠的是张良等人出谋划策，确定取胜的战略战术。当然常胜将军并不是仗仗皆胜，只要胜多败少，每次参战取胜的概率大于八成就算是常胜将军了。在现实社会当中，人们在拼搏，在抗争，办事之前必须要对成功与失败的机会的大小有一个估算，不能指望什么事都是"零风险"的，一般而言失败的概率总会大于零，只求其足够小就是了，概率方法提供了我们估算成败可能性大小的数学方法，是一种十分中用十分有趣的数学分支。

常言道，抓住机遇，成自险出，工于计算，胸有成竹。

1.16 摔碎的砝码还能用吗

1624 年，法国数学家德·梅齐里亚克（Meziriac，1581～1638）提出并解决了下面的砝码问题：

一位商人有一个 40 磅（1 磅＝0.453 千克）的砝码，跌落在地摔成四块，称得每块都是整磅数，且可以用它来称 1 磅到 40 磅的任何整磅重物，问这四块砝码碎块各重几何？

天平的砝码盘只能放一些砝码，而称重盘上可以重物砝码混放。例如可以用两磅与三磅的两块砝码称出一磅的重物，为此只需把三磅砝码放在砝码盘上，把重物与两磅砝码放在称重盘上，如果天平平衡，则知重物是一磅。

如果用一个砝码组 p_1，p_2，…，p_k，恰当地放入两个盘上一些砝码，可以称出从 1 到 n 的所有整磅数重物，今再取一新砝码 $p_{k+1}=2n+1$ 磅，则用 p_1，p_2，…，p_k，p_{k+1} 可以称出从 1 磅到 $3n+1$ 磅的所有

重物。

事实上，若重物不超过 n 磅，则用 p_1，p_2，…，p_k 去称即可；若重物从 $n+1$ 磅到 $2n+1$ 磅，先把 $p_{k+1}=2n+1$ 磅放在砝码盘上，把重物放在称重盘上，这时重物已抵消 p_{k+1} 上的一部分分量 w，w 为物重，p_{k+1} 的另一部分分量 $2n+1-w\in\{0, 1, 2, \cdots, n\}$，把这部分视为 $2n+1-w$ 磅的重物，可通过 p_1，p_2，…，p_k 的适当摆放而使天平平衡；若重物从 $2n+2$ 磅到 $3n+1$ 磅，则把 p_{k+1} 放入砝码盘之后，抵消了重物 $2n+1$ 磅的重量，重物还剩 w' 磅重，$w'\in\{1, 2, \cdots, n\}$，w' 可以通过适当摆放 p_1，p_2，…，p_k 而被抵消，使天平平衡。

取 $p_1=1$ 磅，由以上事实，取 $p_2=2+1=3$，则用 1 磅与 3 磅的两个砝码可称出从 1 磅到 4 磅的所有整磅重物；再取 $p_3=2\times4+1=9$ 磅，可以用 p_1，p_2，p_3 称出从 1 到 $3\times4+1=13$ 磅的所有整磅重物；取 $p_4=2\times13+1=27$ 磅，用 p_1，p_2，p_3，p_4 可以称出从 1 到 $3\times13+1=40$ 磅的所有整磅重物。

至此知若这四块砝码碎块分别重 1 磅，3 磅，9 磅和 27 磅，则可以用它们称出从 1 磅到 40 磅的所有整磅重物。

1.17 排队打水

十人各提一只水桶到水龙头前打水，已知注满第 i（$i=1, 2, \cdots, 10$）个人提的水桶需要 T_i 分钟，T_i 各不相同，问：

①只有一个水龙头时，应如何安排十人的接水顺序，使他们总的花费时间（含接水时间）最少？这个时间是多少分钟？

②当有两个水龙头可用时，应如何安排这十人接水，使他们的总的花费时间最少？这个时间是多少分钟？

众所周知，如果只有一个龙头，把注满水需要的时间很长的那只桶排在前边，在它后面的人等待的时间之和会很大，可见应按所需时间由小到大来排序，不妨设 $T_1<T_2<T_3<\cdots<T_{10}$，则接水顺序应为①②③④⑤⑥⑦⑧⑨⑩，其中ⓘ是第 i 人；花费的总时间的最少值为

$$\begin{aligned}T_0 &= T_1+(T_1+T_2)+(T_1+T_2+T_3)+\cdots\\&\quad+(T_1+T_2+\cdots+T_{10})\\&=10T_1+9T_2+8T_3+7T_4+6T_5+5T_6+4T_7+\end{aligned}$$

$$3T_8+2T_9+T_{10}$$

事实上，如果不按此顺序接水，而是按另一顺序$\textcircled{i_1}\textcircled{i_2}\textcircled{i_3}\textcircled{i_4}\textcircled{i_5}\textcircled{i_6}\textcircled{i_7}\textcircled{i_8}\textcircled{i_9}\textcircled{i_{10}}$ 来接水，其中 i_j （$j=1$，2，…，10）$\in$ {1，2，3，4，5，6，7，8，9，10}，i_j 各不相同。这样，总的花费时间为

$$T'_o=T_{i_1}+(T_{i_1}+T_{i_2})+\cdots+(T_{i_1}+T_{i_2}+\cdots+T_{i_{10}})$$

而且

$$T_{i_1}\geqslant T_1$$

$$T_{i_1}+T_{i_2}\geqslant T_1+T_2$$

……

$$T_{i_1}+T_{i_2}+\cdots+T_{i_9}\geqslant T_1+T_2+\cdots+T_9$$

$$T_{i_1}+T_{i_2}+\cdots+T_{i_{10}}\geqslant T_1+T_2+\cdots+T_{10}$$

可见 $T'_0\geqslant T_0$，证明①②③…⑩为序总花费时间最少。

当有两个龙头可用时，不妨设分配 $5+l$ 个水桶在Ⅰ号龙头接水，$5-l$个水桶在Ⅱ号龙头接水，$5>l\geqslant 0$。设Ⅰ号龙头的排队为

$$i_1,i_2,\cdots,i_{5+l}$$

Ⅱ号龙头的排队为

$$j_1,j_2,\cdots,j_{5-l}$$

则在Ⅰ号与Ⅱ号龙头接水的人总时间消耗分别为

$$T_{o_1}=T_{i_1}+(T_{i_1}+T_{i_2})+\cdots+(T_{i_1}+T_{i_2}+\cdots+T_{i_{5+l}}),$$

$$T_{o_2}=T_{j_1}+(T_{j_1}+T_{j_2})+\cdots+(T_{j_1}+T_{j_2}+\cdots+T_{j_{5-l}})$$

10 人的总时间消耗为

$$\begin{aligned}T_{o_1}+T_{o_2}=&T_{i_1}+(T_{i_1}+T_{i_2})+\cdots+(T_{i_1}+T_{i_2}+\cdots+T_{i_{5+l}})+T_{j_1}\\&+(T_{j_1}+T_{j_2})+\cdots+(T_{j_1}+T_{j_2}+\cdots+T_{j_{5-l}})\geqslant(T_1\\&+T_2+\cdots+T_{10})+(T_1+T_2+\cdots+T_8)+\cdots+(T_1+T_2)\\=&5(T_1+T_2)+4(T_3+T_4)+3(T_5+T_6)+2(T_7+T_8)\\&+(T_9+T_{10})\end{aligned}$$

可见如下分配与排队最省总耗时

Ⅰ：①③⑤⑦⑨

Ⅱ：②④⑥⑧⑩

①与②，③与④，⑤与⑥，⑦与⑧，⑨与⑩可对调。

从事理上讲，令接受服务快者先接受服务是合理安排。例如，运输

公司有两辆汽车都出了毛病，需要停运检修，一辆只是轮胎漏气，一辆则是发动机需要换汽缸。显然应该让补（换）轮胎的那辆车先修好，早点投入运营，否则因给第二辆车换汽缸，使得第一辆车等了好长时间，公司减少了运营时间，使得总收益减少得更多。

下面讲一个更为有趣和有用的所谓工序问题。

有 14 件工件等待在一台机床上加工，某些工件的加工必须安排在另一些工件完工后才能开始，第 j 件工件加工时间 t_j 及先期必须完工的工件号 i 由下表给出

工件号	1	2	3	4	5	6	7	8	9	10	11	12	13	14
t_j	20	28	25	16	42	12	32	10	24	20	40	24	36	16
前期	3	5	5		10	3	4	3	4		4	6	5	1
工件		7				8		5				7		2
号码	4	8	9		11	9		7			7	14	12	6

若给出一个加工顺序，则确定了每个工件的完工时间（加工与等待两种时间之和），试设计一个满足条件的加工顺序，使各个工件完工时间之和最小。

若 i 号工件是 j 号工件的先期工序，则画成示意图形ⓘ⟶ⓙ，且约定ⓘ与ⓙ之间相距为 1。由题中工件间的先后关系，画出图 1-23。ⓢ表示开工，ⓣ表示完工。我们找到了一条从ⓢ到ⓣ的有向道路

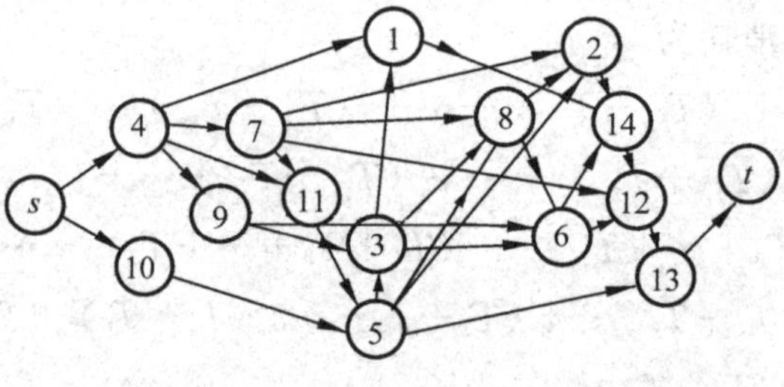

图 1-23

ⓢ④⑦⑪⑤③⑧②⑭⑫⑬ⓣ (1.44)

在此“道路”上，工件的加工先后次序不会改变了，但尚有 1，6，9，10 号工件未在此队列之中，应当把这四个工件插到（1.44）式中适当位置。使得每个工件都在队列之内，而且满足工件加工时的工序要求和

使得各工件完工时间之和最少。为此，把（1.44）式“切开”成两段

$$p_1=ⓢ④⑦⑪⑤，p_2=③⑧②⑭⑫⑬ⓣ$$

从图 1-23 看到，⑩在⑤之前，⑨在③之前④之后，故⑨与⑩应插入 p_1；而①与⑥在③之后⑭之前，故①与⑥应插入 p_2。

由于序列 t_4，t_{10}，t_9，t_7，t_{11}，t_5＝16，20，24，32，40，42，它是递升数列，所以为了使得等待时间之和最少，唯一的安排为 p'_1＝ⓢ④⑩⑨⑦⑪⑤。

从图 1-23 中删去ⓢ，④，⑩，⑨，⑦，⑪，⑤，得图 1-24。⑥在⑧之后⑭之前，①在③之后⑭之前，而数列 t_8，t_6，t_1，t_2＝10，12，20，28，它是单调递增数列，所以①与⑥插入 p_2 的唯一方案是

$$p'_2=③⑧⑥①②⑭⑫⑬$$

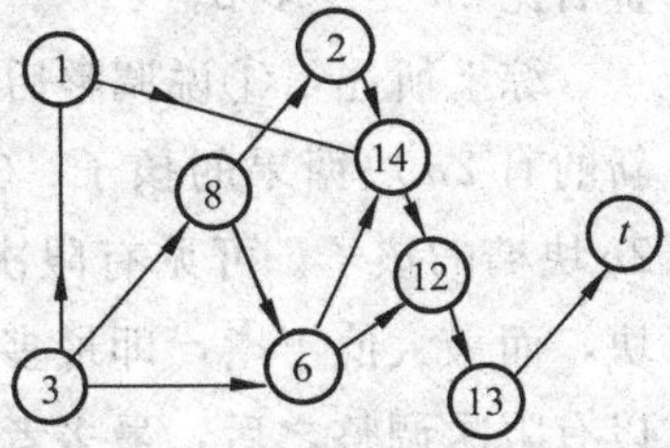

图 1-24

把 p'_1 与 p'_2 拼起来得到要求的加工顺序如下

④⑩⑨⑦⑪⑤③⑧⑥①②⑭⑫⑬

如果工件加工是彼此独立的，即不要求先期工序，则只需把各工件的加工时间从小到大排列，相应的工件号码序列即为加工顺序。

1.18 不患寡而患不均

一群小孩围坐一圈分糖果，老师让他们每人先从糖罐中任取偶数块，再按下述规则调整：每人同时把自己手中的糖果分一半给自己右侧的小朋友，糖果的个数变成奇数的小孩向老师补要一块，经过有限次调整，大家的糖果是否可以变得一样多？

设某次调整前，糖果最多的人有 $2m$ 块糖果，最少者有 $2n$ 块糖果，$m>n$，那么调整后造成的结果是：

①每人的糖果数仍在 $2m$ 与 $2n$ 之间。

事实上，设调整前一孩子有糖果 $2k$ 块，而他的左邻的孩子有糖果 $2h$ 块，因 $n\leqslant h\leqslant m$，$n\leqslant k\leqslant m$，调整后这孩子的糖果数变成 $k+h$，且 $2n\leqslant k+h\leqslant 2m$；当 $k+h$ 是奇数时，补一块变成 $k+h+1$ 块，仍有 $2n\leqslant k+h+1\leqslant 2m$。

②原有 $2n$ 块以上糖果的人，调整后仍超过 $2n$。

事实上，若调整前一孩子有糖果 $2k$ 块，而他的左邻孩子有糖果 $2h$ 块，又 $k>n$，即他原有的糖果超过 $2n$ 块，调整后这孩子的糖数至少 $k+h$块，又 $h\geqslant n$，故 $k+h>2n$。

③至少有一位原来 $2n$ 块糖果的孩子，调整后至少增加两块。

事实上，至少有一个孩子，其左邻有 $2k>2n$ 块糖果，调整后这孩子拿着$n+k>2n$ 块糖果，若 $n+k$ 为奇数，则变成 $n+k+1$ 块，所以调整后比 $2n$ 至少多 2。

综上所述，①说调整后不会使最大值变大；②说调整后不会产生新的有 $2n$ 块糖果的孩子；③则说，每调整一次，就至少减少一位有 $2n$ 块糖的孩子。可见有限次调整后，每个孩子的糖果数都会超过 $2n$ 块，而最大值不增，即最多者与最小者的差在减少，而差额有限，所以有限次调整之后，最多者与最少者的差额就不存在了，大家的糖果数均等。

我们抓住最少糖块数的增加，逐次缩小与最大糖块数的差距实现每人糖块数目的均等，而不是用逐次降低最多糖块的数目来实现均等。这正如应该提高穷人的生活水平，不能用“杀富济贫”的办法均贫富。事实上，有最多糖果的孩子拿出一半给他的右邻后，他还从其左邻得到了一些，如果是奇数，老师还会给他添一枚糖果，所以可能得失相抵，例如图 1-25 中有四个孩子，每次调整，最大值 6 始终不变，由于最小值调一次至少增加 2，其中有一块可能是老师添的，最后大家都有 6 块糖。

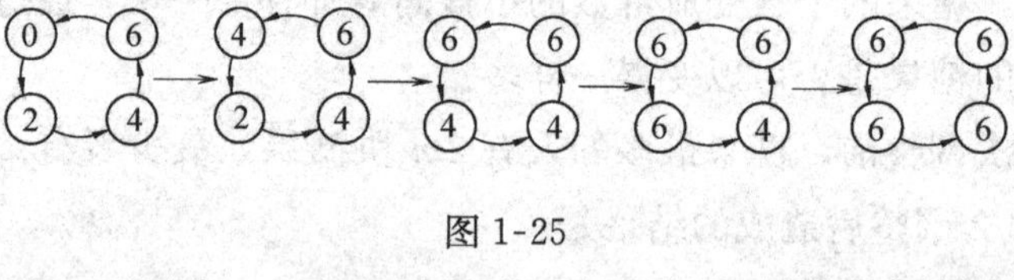

图 1-25

在社会变化与进步过程中，穷人不断变富，无知（例如文盲或科盲）人的知识不断增加，大家的社会地位与民主权利不断提高；在自然界中，最低温度会回升，等等，最后达到社会公平或自然界的局部均衡。

1.19 核按钮的钥匙

某核大国的核武器发射按钮放在该国军事委员会的保险箱中；保险箱由 11 位常委共同管理控制；保险箱上加了若干把锁，钥匙分配给各位常委保管使用。最少应给保险箱装多少把锁，才能使任何六位常委同时在场时，能打开保险箱，而任何五位常委在场时则打不开保险箱？对于锁的把数最少的情形，怎样分钥匙，以符合上述要求？

设加 n 把锁可以满足上述要求，若 A 是锁集合，A_i 是第 i 位常委可以打开的锁的集合，于是任何子集 $\{i_1, i_2, i_3, i_4, i_5\} \subset \{1, 2, \cdots, 11\}$

$$A_{i_1} \cup A_{i_2} \cup A_{i_3} \cup A_{i_4} \cup A_{i_5} \neq A \tag{1.45}$$

而任何集合 $\{j_1, j_2, j_3, j_4, j_5, j_6\} \subset \{1, 2, \cdots, 11\}$

$$A_{j_1} \cup A_{j_2} \cup A_{j_3} \cup A_{j_4} \cup A_{j_5} \cup A_{j_6} = A \tag{1.46}$$

由（1.44）得

$$A_0 = A - (A_{i_1} \cup A_{i_2} \cup A_{i_3} \cup A_{i_4} \cup A_{i_5}) \neq \varnothing$$

设 $x_{i_1 i_2 i_3 i_4 i_5} \in A_0$，则 $x_{i_1 i_2 i_3 i_4 i_5}$ 是 i_1，i_2，i_3，i_4，i_5 这 5 位常委打不开的一把锁。由（1.45）知，对任何 $j \notin \{i_1, i_2, i_3, i_4, i_5\}$，$x_{i_1 i_2 i_3 i_4 i_5} \in A_j$。

设 $\{i_1, i_2, i_3, i_4, i_5\}$ 与 $\{k_1, k_2, k_3, k_4, k_5\}$ 是 $\{1, 2, 3, \cdots, 11\}$ 的两个子集，且 $x_{i_1 i_2 i_3 i_4 i_5} = x_{k_1 k_2 k_3 k_4 k_5}$，则 $\{i_1, i_2, i_3, i_4, i_5\} = \{k_1, k_2, k_3, k_4, k_5\}$；事实上，若不如此，则存在 $t \in \{1, 2, 3, 4, 5\}$，使得 $i_t \notin \{k_1, k_2, k_3, k_4, k_5\}$，这样 $x_{k_1 k_2 k_3 k_4 k_5} \in A_{i_t}$，但另一方面，$x_{i_1 i_2 i_3 i_4 i_5} \notin A_{i_t}$ 矛盾。

至此，我们知道 $\{1, 2, 3, \cdots, 11\}$ 不同的五元素子集对应不同的锁，即 $n = \binom{11}{5} = 462$。

下面证明，把保险箱加上 462 把锁，则我们可以按要求向各常委分发钥匙。我们把 462 把锁与 $\{1, 2, \cdots, 11\}$ 的五元素子集建立一一对应关系，把与 $\{i_1, i_2, i_3, i_4, i_5\} \subset \{1, 2, \cdots, 11\}$ 对应的那把锁的钥匙只分给其号码异于 i_1，i_2，i_3，i_4，i_5 的常委每人一把，这样，对任何五位常委 i_1，i_2，i_3，i_4，i_5，他们都打不开与 $\{i_1, i_2, i_3, i_4, i_5\}$ 对应的那把锁。

下面证明，任何六位常委在场，则可打开全部 462 把锁。事实上，设六位常委标号为 j_1，j_2，j_3，j_4，j_5，j_6，任取一把锁，它与 $\{i_1, i_2, i_3, i_4, i_5\}$ 对应，按上述钥匙分配规则，由于存在一个 j_k，$k\in\{1, 2, 3, 4, 5, 6\}$，使 $j_k \notin \{i_1, i_2, i_3, i_4, i_5\}$，故 j_k 号常委有这把锁的钥匙，可以打开它。由此锁的任意性，可知任六位常委在场可以打开任何一把锁。

我们的结论是：锁的个数之最小值是 462，且分钥匙的方法是，先把每把锁用 $\{1, 2, 3, \cdots, 11\}$ 的一个五元子集来标志，标志 $\{i_1, i_2, i_3, i_4, i_5\}$ 的锁的钥匙不发给 i_1，i_2，i_3，i_4，i_5 这五位常委，但发给其他六位常委每人一把。

上面的数据 11，6，5 可以改成 n，m，$m-1$，$n>m$。例如核按钮箱上最少装几把锁，才能使五位常委中任两位不能动用核武器，而任三位常委同意使用核武器时，则可以启动核发射按钮。这时，按钮箱安装 $C_5^2=10$ 把锁，把这 10 把锁分别编号为

$$(1, 2), (1, 3), (1, 4), (1, 5), (2, 3)$$

$$(2, 4), (2, 5), (3, 4), (3, 5), (4, 5)$$

常委编号分别为 1，2，3，4，5。每人发六把钥匙，(l, k) 锁的钥匙不发给 l 常委和 k 常委，其他常委每人一把，$1\leqslant l<k\leqslant 5$。例如锁 (1，2) 的钥匙不发给 1 常委与 2 常委，但 3，4，5 三位常委每人一把。

02 混沌篇

巴西一只蝴蝶拍打翅膀，能够在美国得克萨斯州引发一场龙卷风吗？

——洛伦兹（E. N. Lorenz，美国当代气象学家）

2.1 面包师抻面与砍头映射

一位面包师把水分不太均匀的湿面团揉成长一尺的一根面条（圆柱），把它均匀拉伸成两尺长，从中点切断，把右半段拿起来平行左移，使其与左半段重合，再进行第二回合的拉伸与重叠，即把重合后的一尺长的面条向右拉伸成两尺长，从中点切开，把右半段平行左移，使其与左半段重合，如此不断地反复操作，这样就能使面条各处湿度趋于一致，做成面点后香甜可口，为什么呢？其中隐藏着极其深刻复杂的数学道理。例如，我们将用数学推理证明随着拉伸与重叠的反复进行，会出下列现象：

①面条上某些点对本来距离十分近，极而言之，它们的距离小到任意指定的程度，但后来两者的距离又拉远到一个十分可观的地步。

②面条上有的点的位置周期性地变化，即每拉伸重叠一个固定的次数，这种点又回到原来的位置。这种点的个数有无穷个，在面条上这种点处处稠密。

③面条上存在这种点，随着拉伸重叠地进行，它可以移动到任意指定的点的任意近旁，这样，面条上的点可以彼此掺和而使面条各处水分

或碱分或糖分均匀。

下面我们建立上述抻面过程的数学模型，用数学手段严格证明上述结果①②③是真的。

把一尺长的面条放在 x 轴的［0，1］区间上，则上述拉伸重叠过程的数学模型是［0，1］到自己的映射 σ 的反复进行

$$\sigma:[0,1]\to[0,1],\sigma(x)=\begin{cases}2x,\ 0\leqslant x<\dfrac{1}{2}\\ 2x-1,\ \dfrac{1}{2}\leqslant x\leqslant 1\end{cases}\tag{2.1}$$

盯住［0，1］上的一个点 x_0，跟踪 x_0 在每次拉伸重叠后的落点

$$x_1=\sigma(x_0),x_2=\sigma(x_1),\cdots,x_n=\sigma(x_{n-1}),\cdots\tag{2.2}$$

x_0 是初始点；把 σ 视为运动，则

$$x_0,x_1,x_2,\cdots,x_n,\cdots$$

是一串“脚印”，称为 σ 的轨道。

x_1 被 x_0 唯一确定，x_2 被 x_1 唯一确定，也就是被 x_0 唯一确定，即 $x_2=\sigma(\sigma(x_0))$，x_n 被 x_{n-1} 唯一确定，即 $x_n=\sigma^n(x_0)$，…，所以 σ 的轨道是一个确定系统，其中似乎没有什么事是不确定的；但是，始料不及的是，就是如此简单的一个确定性系统，却隐藏着内在随机性造成的极为复杂的不确定性！为了揭示这种不确定性，我们用二进制来表达（0，1）中的小数。

任取 $x_0\in(0,1)$，在二进制中可写成

$$\begin{aligned}x_0&=a_1\frac{1}{2}+a_2\frac{1}{2^2}+\cdots+a_n\frac{1}{2^n}+\cdots\\&=0.a_1a_2\cdots a_n\cdots\end{aligned}$$

其中 $a_i\in\{0,1\}$，$i=1,2,\cdots$ 于是

$$2x_0=a_1+a_2\frac{1}{2}+\cdots+a_n\frac{1}{2^{n-1}}+\cdots$$

$a_1=1$ 时，$x_0\in\left[\dfrac{1}{2},1\right)$，$a_1=0$ 时，$x_0\in\left(0,\dfrac{1}{2}\right)$，所以

$a_1=0$ 时，

$$\sigma(x_0)=2x_0=a_2\frac{1}{2}+a_3\frac{1}{2^2}+\cdots$$

$$+a_n \frac{1}{2^{n-1}}+\cdots$$

$$=0.a_2a_3\cdots a_{n-1}\cdots$$

$a_1=1$ 时，

$$x_0\in\left[\frac{1}{2},1\right),\ \sigma(x_0)=2x_0-1$$

$$=\left(1+a_2\frac{1}{2}+\cdots+a_n\frac{1}{2^{n-1}}+\cdots\right)-1$$

$$=a_2\frac{1}{2}+a_3\frac{1}{2^2}+\cdots+a_n\frac{1}{2^{n-1}}+\cdots$$

$$=0.a_2a_3\cdots a_n\cdots$$

总之，当 $x_0\in(0,1)$ 时

$$\sigma(x_0)=0.a_2a_3\cdots a_n\cdots$$

σ 的动作是把 x_0 的小数点后第一位数字删除，即把 x_0 的小数点后头位数字砍掉，故称 σ 为“砍头映射”或移位映射，移位指小数点向右移一位，且把小数点前的非零数字变成零。历史上是伯努利（Bernoulli）首先研究这一函数，所以也称 σ 为伯努利移位映射。

伯努利家族在科学史上占有重要地位，祖籍瑞士的伯努利家族中出了三位世界级顶尖数学家，他们是雅可布·伯努利（Jakob Bernoulli，1654～1705）和雅可布的胞弟约翰·伯努利（Johann Bernoulli，1667～1748），约翰之子丹尼尔·伯努利（Daniel Bernoulli，1700～1782）。他们又养育了在许多科学领域中崭露头角的成群后代，其中八人是数学家。

雅可布·伯努利在父亲的逼迫之下学习神学，他却偷偷自学牛顿与莱布尼茨的微积分，33 岁就在高等数学上成就斐然，被聘为巴塞尔大学的数学教授，成为当时微积分与概率论方面的权威之一。

约翰·伯努利开始也错选了专业，首先学医，并获巴塞耳大学医学博士学位，论文内容是关于人体肌肉收缩问题的研究成果；毕业后也爱上了微积分，解决了微分方程和力学上的很多难题，28 岁出任

约翰·伯努利（Johann Bernoulli，瑞士，1667～1748）

格罗宁根大学数学物理教授，其兄雅可布去世后，继任巴塞耳大学数学教授。

约翰之子丹尼尔起初也像其父一样，选择了医学专业，毕业论文是关于肺的生理功能的内容，毕业后也是专攻他的天分所长的数理科学，1733年，回巴塞耳大学任物理学、植物学和解剖学教授。此前是彼得堡大学的数学教授。作有传世名著《流体动力学》，并在微积分、概率论、微分方程和物理学等诸多学科发表大量著作和论文，获法兰西科学院10项大奖，因解决速降线问题时，丹尼尔的解法比牛顿、莱布尼茨和他父亲约翰，伯父雅可布的解法都漂亮，甚至引起了其父的嫉妒和体罚。

所谓速降线，是指一枚串珠不受阻力地沿着穿着它的线从一点 A 滑到另一点 B，问两点间的穿线应取何种形状，才使串珠的滑行时间最少？

对此有兴趣的读者可参阅《微分方程模型与混沌》（王树和，中国科学技术大学出版社，1999）。

2.2 混沌礼赞

让我们在此对确定系统中的混沌表现唱一首赞歌：

混 沌 礼 赞

春风传递千万户，
紫燕归来巢连巢，
丝毫之差谬万里，
聚散有法岂可预！

下面用数学方式对上述“混沌诗”进行严格地注释。

(1) 春风怎样传遍千家万户

取初始值 x_0 如下（二进制）

x_0 = 0.0，1，00，01，10，11，000，001，010，011，100，101，110，111，0000，0001，0010，0011，0100，0101，0110，0111，1000，1001，1010，1011，1100，1101，1110，1111，…

这个 x_0 犹如一股春风的源头，x_0 的结构特点是按所谓“字典序”抄出的，在小数点后首先依次抄出 0 与 1；接着抄两遍 0，1，得 0，1，0，1，且把这四个数字的前面两个“加 0 头”，后面两个“加 1 头”，得 00，01，10，11；继而把 00，01，10，11 抄两遍，得 00，01，10，11，00，01，10，11，且把前面的四个数码××“加 0 头”变成“0××”，后面的四个数码××“加 1 头”变成“1××”，于是 x_0 又加长了一段 000，001，010，011，100，101，110，111，依此类推；于是任意指定的 0～1 数串 $a_1a_2\cdots a_m$，这个数串在 x_0 中出现无穷次。

对于任取定的一个点 $x_1\in[0,1]$ 和任意取定的自然数 m，设

$$x_1 = 0.b_1b_2\cdots b_m\cdots$$

$$(0=0.000\cdots0\cdots,1=0.111\cdots1\cdots)$$

$$x_0=0.\cdots\underbrace{b_1b_2\cdots b_m}\cdots\underbrace{b_1b_2\cdots b_m}\cdots\underbrace{b_1b_2\cdots b_m}\cdots$$

其中 b_1 依次出现在小数点后第 n_1+1 位，n_2+1 位，…，于是

$$\sigma^{n_i}(x_0)=0.b_1b_2\cdots b_m\cdots$$

$$|\sigma^{n_i}(x_0)-x_1|\leqslant\frac{1}{2^m},i=1,2,\cdots$$

由 m 的任意性，当 $m\gg1$ 时，σ^{n_i}（x_0）与 x_1 的距离可以任意小。又 x_1 是任取的，所以轨道

$$\sigma(x_0),\sigma^2(x_0),\cdots,\sigma^n(x_0),\cdots$$

可以无穷次无限接近每个点 $x\in[0,1]$。即轨道上的动点无穷次访问 [0，1] 上的每个点，数学上称这种现象为遍历性或称拓扑传递性。这恰可形象地说成“春风传递千万户”，反映轨道上的动点无穷次与 [0，1]上每一点亲疏聚散。但动点下一步走向何处是由映射 σ 的砍头规则确定的，所以诗中有“聚散有法”之说。

(2) 紫燕归来何以能够巢连巢

若映射 f：$X\to X$，且 $x\in X$，使得 $f^k(x)=x$，而 $f^m(x)\neq x$，$m=1, 2, \cdots, k-1$，则称 k 是 f 的周期，x 是 f 的 k 周期点；1 周期点又称不动点，即 $f(x)=x$ 的点 x；周期点的集合记成 $\mathrm{Per}(f)$。

燕子春天归来，秋后离去，第二年春天又归来，燕子的归来是周期性的，犹如 f 的周期点。

由于 $\sigma(0)=0$，$\sigma(1)=1$，所以 $x=0$ 与 $x=1$ 是 σ 的两个不动点。而二进制表示中循环节长为 k 的循环小数为 σ 的 k 周期点，可见 σ 有无穷多周期点，而且每个自然数都是 σ 的周期。

混沌中亦存在着有序，周期点的周期运动就是其有序性之一。

任取定一点 $x_1=0.a_1a_2\cdots a_na_{n+1}\cdots\in(0,1)$，取 σ 的周期点 $x_0=0.\dot{a}_1a_2\cdots\dot{a}_n$，当 $n\gg1$ 时，$|x_0-x_1|\ll1$，所以 [0，1] 上任一点 x_1 的近旁都有 σ 的周期点，即 σ 的周期点在 [0，1] 上处处稠密；这就是诗中所云“紫燕归来巢连巢”的含义，紫燕之巢比喻 σ 的周期点，“巢连巢”是说周期点处处稠密。

(3) 差之丝毫当真会谬之千里

取两个相距极近的初值

$$x_0 = 0.a_1a_2\cdots a_na_{n+1}a_{n+2}\cdots$$

$$x_0' = 0.a_1a_2\cdots a_na'_{n+1}a_{n+2}\cdots$$

其中 $a_{n+1} \neq a'_{n+1}$，a_i，a_i' 是 $\{0, 1\}$ 中元素，于是 $|x_0 - x_0'| \leqslant \frac{1}{2^{n+1}}$，当 $n \gg 1$ 时，这两个初值之差是极微小的，但 n 次迭代之后

$$x_n = \sigma^n(x_0) = 0.a_{n+1}a_{n+2}\cdots$$

$$x_n' = \sigma^n(x_0') = 0.a'_{n+1}a_{n+2}\cdots$$

$|x_n - x_n'| = \frac{1}{2}$，即初值相差仅 $\frac{1}{2^{n+1}}$ 时，x_n 与 x_n' 可以产生明显差别。这种现象不正是诗中所言“丝毫之差谬万里”吗？这种表现数学上称为对初值的敏感依赖性，称有这种性质的映射为混沌映射。如果欲对这种映射的轨道进行长期预报，即由初值来判断第 n 步（$n \gg 1$）的值是要失败的。事实上，初值是通过观测得到的，不可避免地要有微小的误差，由于混沌映射对这微小的误差有敏感性，于是预报值与真值可能相差十万八千里！这也正是诗中所云“聚散有法岂可预”一句中不可预报的含义。

数学上把具有对初值敏感依赖、有拓扑传递性轨道和周期点稠密的映射称为混沌，也称紊动或迪万尼（Devaney）意义下的混沌。

通过上述论证知，（1）砍头映射中提到的抻面将出现的①②③三个后果已被证实是真的。

（4）σ 映射掷硬币般随机

我们约定用掷硬币如下地抄出一个［0，1］中的数；掷出的是正面则抄 1，掷出的是反面则抄 0，这样无穷地掷下去，同时无穷地抄下去，则会抄出[0，1]中的一个二进制小数的小数点后的数码串。掷硬币的过程中，到某一次之后，再掷则永远出现“反面”，这就抄出一个有尽小数；但这种可能性几乎不存在，或者说其概率为零，掷硬币的过程中，到某一次之后正反面序列出现周期性，即抄出一个循环小数的可能性也是几乎不存在的；可以认为用这种掷硬币的随机过程抄出的是无理数 x_0。于是用 x_0 为初值制成的轨道

$$x_0, x_1 = \sigma(x_0), x_2 = \sigma(x_1), \cdots, x_n = \sigma(x_{n-1}), \cdots$$

犹如掷硬币一样地随机。

我们知道［0，1］中的无理数是不可数的，而有理数可数，所以从［0，1］中任意取定一个数 x_0 为 σ 的初值，x_0 为无理数的可能几乎是100%，而每个无理小数皆可视为随机掷币的结果，可见对几乎每一个初值 x_0，σ 都有像掷币似的随机性，由此可知 σ 这种混沌映射有内在随机性，进而就谈不到对 σ 的轨道进行预报了。

无理数是 σ 混沌表现的根源之一，在有理数域，σ 的轨道从某一步开始会呈现周期性变化，如果是有尽小数，从某一步开始干脆永远是零，这时无混沌可言。说到这里，又使我们回想起第一次数学危机，回想起先辈希帕索斯的功劳，若不是引入了无理数，我们这个丰富多彩、纷纭复杂的本来就是混沌的世界就难以数学地加以严格研讨了。从这样的意义上来讲，我们但愿多来几次数学危机，随着危机的排除，我们对数学，进而对宇宙万物的认识会更加深入。数学理论，例如关于无理数的理论，关于混沌的理论，对人类的世界观档次之提升，实在是起着举足轻重的作用。

2.3　北京拉面的数学模型

我们大都品尝过拉面面条，这种风味食品很多地区都有，例如北京拉面、兰州拉面、乐亭拉面等。厨师把一根一定长度的精制面粉的面条均匀拉长成原来的两倍，再把右手的一端交给左手，右手抓住中点，再拉长成两倍长，如此反复进行下去，直到把面条拉得十分细软，煮熟加入鸡汤或牛肉汤等佐料，吃起来十分可口。1998年，中国中央电视台曲艺杂坛节目播出一位高级厨师的拉面绝活儿，这位师傅拉伸了50多个回合，把一根面柱拉伸成原来粗细的 $\frac{1}{2^{50}}$ 以下，比头发还要细，创立了吉尼斯世界纪录。

自然界物质的运动，人类社会人群的活动，如果局限在一个有限的范围内发展变化，免不了扩张拉伸，同时由于有一定限制，也免不了发生折叠，下面我们以北京拉面这种实际模型来模拟拉伸折叠现象，建立它的数学模型，且分析其中的混沌表现。值得提醒的是北京拉面并不是随机过程，而是一种简单规则支配之下的确定性过程。它的数学模型是［0，1］到自身的映射 Λ 的迭代：

$$\Lambda: y=\begin{cases}2x, & 0\leqslant x<\frac{1}{2}\\ 2-2x, & \frac{1}{2}\leqslant x\leqslant 1\end{cases} \tag{2.3}$$

(2.3) 式的图像像一个三角帐篷，见图 2-1，故称 Λ 为三角帐篷映射。

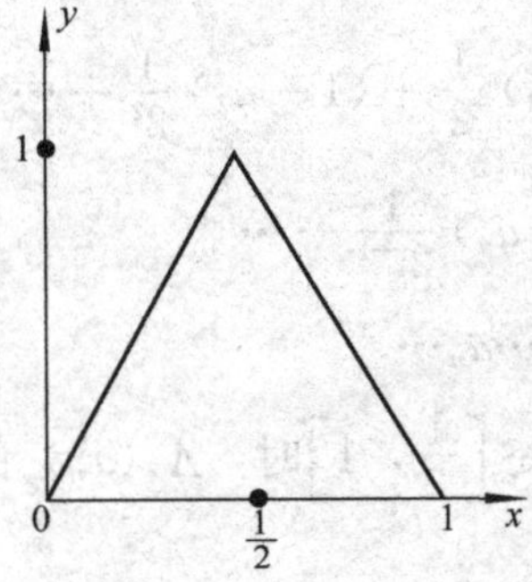

图 2-1

在二进制表达式中，(2.3) 式的迭代为

$$x_{n+1}=\begin{cases}2x_n, & 0\leqslant x_n<\frac{1}{2}\\ 2-2x_n, & \frac{1}{2}\leqslant x_n\leqslant 1\end{cases}$$

$$n=0, 1, 2, \cdots$$

我们看到，$0\leqslant x_n<\frac{1}{2}$时，这就是砍头映射 σ 的迭代。当$\frac{1}{2}\leqslant x_n\leqslant 1$时，在二进制当中

$$x_n=0.1a_2a_3\cdots a_n\cdots$$

$$x_{n+1}=\Lambda(x_n)=0.\bar{a}_2\bar{a}_3\cdots\bar{a}_n\cdots \tag{2.4}$$

其中 $\bar{a}_i$ 是 a_i 的“补”，即 $a_i+\bar{a}_i=1$，a_i，$\bar{a}_i\in\{0, 1\}$，就是$a_i=0$时，$\bar{a}_i=1$，$a_i=1$时，$\bar{a}_i=0$。

事实上，由于 $x_n\in\left[\frac{1}{2}, 1\right]$，所以

$$x_n=\frac{1}{2}+a_2\frac{1}{2^2}+a_3\frac{1}{2^3}+\cdots+a_n\frac{1}{2^n}+\cdots$$

$$2-2x_n=2-2\left(\frac{1}{2}+a_2\frac{1}{2^2}+a_3\frac{1}{2^3}+\cdots+a_n\frac{1}{2^n}+\cdots\right)$$

$$=1-\left(a_2\frac{1}{2}+a_3\frac{1}{2^2}+\cdots+a_n\frac{1}{2^{n-1}}+\cdots\right)$$
$$=\left(\frac{1}{2}+\frac{1}{2^2}+\frac{1}{2^3}+\cdots+\frac{1}{2^{n-1}}+\cdots\right)$$
$$-\left(a_2\frac{1}{2}+a_3\frac{1}{2^2}+\cdots+a_n\frac{1}{2^{n-1}}+\cdots\right)$$
$$=(1-a_2)\frac{1}{2}+(1-a_3)\frac{1}{2^2}+\cdots$$
$$+(1-a_n)\frac{1}{2^{n-1}}+\cdots$$
$$=0.\bar{a}_2\bar{a}_3\cdots\bar{a}_n\cdots$$

上面的推导告知，当 $x_n\in\left[\frac{1}{2},1\right]$时，$\Lambda$（$x_n$）的动作是下列两个步骤的实施：

①把小数点后第一个数字删去（砍头）。

②把小数点后的数字都变成其补数，即 0 变成 1，1 变成 0。

2.4　三角帐篷中的混沌

三角帐篷映射 Λ 也有“混沌礼赞”中所称的与砍头映射相似的混沌表现。只是其数学论证的细节上有所区别而已。为了借助砍头映射来讨论三角帐篷映射，先证明 Λ 与 σ 的一个重要关系式

$$\Lambda^n(x)=\Lambda\sigma^{n-1}(x),x\in[0,1] \tag{2.5}$$

下面用数学归纳法来证明公式（2.5）。

$n=1$ 时，（2.5）式左端为 Λ（x），右端为 $\Lambda\sigma^0$（x），σ^0 表示恒同映射，即 σ^0（x）$=x$，所以左=右，（2.5）对 $n=1$ 成立。$n=2$ 时（此处在归纳法起步时要考虑 $n=2$，不然，仅考虑 $n=1$，则对任何映射 f 与 φ，只要它们都是从［0，1］到［0，1］的映射，则都有 $f(x)=f\varphi^0(x)=f(x)$，即对任何 f 与 φ，对于（2.5）的归纳法起步都能成功），我们欲证 $\Lambda^2(x)=\Lambda\sigma(x)$。

设 $x=0.a_1a_2\cdots a_n\cdots$，则

$$\Lambda\sigma(x)=\Lambda(0.a_2a_3\cdots a_n\cdots)$$
$$=\begin{cases}0.a_3a_4\cdots a_n\cdots,a_2=0\\0.\bar{a}_3\bar{a}_4\cdots\bar{a}_n\cdots,a_2=1\end{cases} \tag{2.6}$$

$$\Lambda(x)=\begin{cases}0.a_2a_3\cdots a_n\cdots, a_1=0\\0.\bar{a}_2\bar{a}_3\cdots\bar{a}_n\cdots, a_1=1\end{cases}$$

$$\Lambda^2(x)=\Lambda(\Lambda(x))=\begin{cases}0.a_3a_4\cdots a_n\cdots, a_1=0, a_2=0\\0.\bar{a}_3\bar{a}_4\cdots\bar{a}_n\cdots, a_1=0, a_2=1\\0.\bar{a}_3\bar{a}_4\cdots\bar{a}_n\cdots, a_1=1, a_2=1\\0.a_3a_4\cdots a_n\cdots, a_1=1, a_2=0\end{cases}$$

总之

$$\Lambda^2(x)=\begin{cases}0.a_3a_4\cdots a_n\cdots, a_2=0\\0.\bar{a}_3\bar{a}_4\cdots\bar{a}_n\cdots, a_2=1\end{cases}\tag{2.7}$$

至此看到（2.6）=（2.7），即 $\Lambda\sigma(x)=\Lambda^2(x)$，归纳法起步完成。

假设 $\Lambda\sigma^{n-2}(x)=\Lambda^{n-1}(x)$ （$n\geqslant 2$）已成立，往证 $\Lambda\sigma^{n-1}(x)=\Lambda^n(x)$。

由于 $\Lambda\sigma^{n-1}(x)=(\Lambda\sigma^{n-2})\sigma(x)$，由归纳法假设，

$$\Lambda\sigma^{n-2}=\Lambda^{n-1}\tag{2.8}$$

所以

$$\Lambda\sigma^{n-1}(x)=(\Lambda^{n-1})\sigma(x)=\Lambda^{n-2}\Lambda\sigma(x)\tag{2.9}$$

由归纳法起步，$\Lambda\sigma(x)=\Lambda^2(x)$，代入（2.9）得

$$\Lambda\sigma^{n-1}(x)=\Lambda^{n-2}\Lambda^2(x)=\Lambda^n(x)$$

证毕。

我们称对初值的敏感依赖性、遍历性（或称拓扑传递性）与周期点的处处稠密性为混沌的三要素；具有混沌三要素的映射称为混沌。下面推导 Λ 是混沌映射。

(1) Λ 对初值敏感依赖

考虑两个距离特别近的初值

$$x_0=0.a_1a_2\cdots a_{n-1}0a_{n+1}a_{n+2}\cdots$$
$$x_0'=0.a_1a_2\cdots a_{n-1}0a_{n+1}'a_{n+2}\cdots,\ a_i,\ a_i'\in\{0,1\}$$

其中 $a_{n+1}\neq a_{n+1}'$，于是

$$\Lambda^n(x_0)=\Lambda\sigma^{n-1}(x_0)=\Lambda(0.0a_{n+1}a_{n+2}\cdots)$$
$$=0.a_{n+1}a_{n+2}\cdots$$

$$\Lambda^n(x'_0)=\Lambda\sigma^{n-1}(x_0')=\Lambda(0.0a_{n+1}'a_{n+2}\cdots)$$

$$=0.a'_{n+1}a_{n+2}\cdots$$

$$|\Lambda^n(x_0)-\Lambda^n(x_0')|=\frac{1}{2}$$

但 $|x_0-x'_0|=\frac{1}{2^{n+1}}$；即在初值 x_0 与 x_0' 靠得十分之近时，Λ^n（x_0）与 Λ^n（x_0'）却相距$\frac{1}{2}$之大！对于 Λ，我们也发现它具有差之丝毫谬之千里的对初值微小变动的极端敏感的依赖性。

从混沌的观点看问题，可以理解为什么孩提时代的细小遭遇也许能决定他长大成人之后的功罪千秋！

（2）Λ 的遍历性

任取［0，1］上一点 $x_1=0.b_1b_2\cdots b_mb_{m+1}\cdots$，$m\gg1$，取 x_0 如同讨论 2.2 节 σ 时“春风怎样传遍千家万户”所取的那个 x_0，即

$$x_0=0.0100011011000\cdots$$

于是 0～1 数串 $0b_1b_2\cdots b_m$ 在 x_0 中无穷次出现

$$x_0=\underbrace{0.\cdots0b_1b_2\cdots b_m}\cdots\underbrace{0b_1b_2\cdots b_m}\cdots$$

$$\cdots\underbrace{0b_1b_2\cdots b_m}\cdots$$

其中 b_1 依次出现在小数点后第 n_1+2 位，n_2+2 位，…，于是

$$\Lambda^{n_i+1}(x_0)=\Lambda\sigma^{n_i}(x_0)=\Lambda(0.0b_1b_2\cdots b_m\cdots)$$

$$=0.b_1b_2\cdots b_m\cdots$$

即 $|\Lambda^{n_i+1}(x_0)-x_1|<\frac{1}{2^m}$，由 m 的任意性，$\Lambda^{n_i+1}(x_0)$ 与 x_1 可以任意接近。又 x_1 是［0，1］上的任意一点，从而知轨道（“脚印”）

$$\Lambda(x_0),\Lambda^2(x_0),\cdots\Lambda^n(x_0),\cdots$$

可以无穷次无限靠近［0，1］上的每个点，即 Λ 有对［0，1］的遍历性，轨道上的动点可以无穷次“访问”［0，1］上的每个点，或者说 Λ 把从 x_0 出发的轨道上的点无穷次传递到每个点 $x\in$［0，1］的无限近的地方。轨道上的点在［0，1］上并非是告别［0，1］上一个点之后，就永远到他乡游荡而不回头（和当初告别的点永别），Λ 从 x_0 上出发的轨道与［0，1］上的每个点无穷次聚散。这里又一次看到“聚散有法”的现象，这里的“法”是依据三角帐篷映射 Λ 所规定的运动规则，结合上段的 Λ 对初值的敏感依赖，Λ 的轨道走向也是不可长期预报的，对

Λ 也有“聚散有法岂可预”的感叹！

(3) Λ 的周期点在 [0，1] 上处处稠密

任取定 $x_1=0.a_1a_2\cdots a_n\cdots\in[0,1]$，考虑

$$x_0=0.\dot{0}a_1a_2\cdots\dot{a}_n=0.0\underbrace{a_1a_2\cdots a_n}\underbrace{0a_1a_2\cdots a_n}\cdots$$

则

$$\Lambda(x_0)=0.a_1a_2\cdots a_n0a_1a_2\cdots a_n0\cdots=0.\dot{a}_1a_2\cdots a_n\dot{0},$$

$$\begin{aligned}\Lambda^{n+1}(\Lambda(x_0))&=\Lambda\sigma^n(\Lambda(x_0))\\&=\Lambda\sigma^n(0.\dot{a}_1a_2\cdots a_n\dot{0})\\&=\Lambda(0.\dot{0}a_1a_2\cdots\dot{a}_n)\\&=\Lambda(x_0)\end{aligned}$$

即点 $\Lambda(x_0)\in[0,1]$ 是 Λ 的一个周期点。

$$|\Lambda(x_0)-x_1|=|0.a_1a_2\cdots a_n0a_1a_2\cdots a_n0\cdots-0.a_1a_2\cdots a_n\cdots|\leqslant\frac{1}{2^{n+1}}$$

由 n 的任意性，Λ 的周期点可以与 [0，1] 上的任一点 x_1 相距任意小，即 Λ 的周期点在 [0，1] 上处处稠密。对于 Λ 亦可谓紫燕归来巢连巢。

从面包师感兴趣的角度来说，北京拉面也会出现本篇开头所言的面条上发生①②③现象。从而使面条吃起来口感极佳。

2.5 蒙古包里的混沌

函数

$$y=\lambda x(1-x),x\in[0,1] \tag{2.10}$$

称为逻辑斯蒂克（Logistic）映射，当 $\lambda=4$ 时

$$y=4x(1-x) \tag{2.11}$$

是 [0，1] 到 [0，1] 的映射，其图像状似蒙古包，故称（2.11）为蒙古包映射。（2.10）是人类或昆虫繁衍的数学模型，考虑递推关系

$$x_{n+1}=\lambda x_n(1-x_n) \tag{2.12}$$

x_n 是上年的人口总量，x_{n+1}是下年的人口总量，且认为人口的最大可能值为“1”（例如单位是 20 亿，“1”就表示 20 亿人口），由于国土面积和生活资料的限制，全国人口必然存在一个最大可能值。下年的人口应

与现有人口总量以及现有人口与最大可能的人口数之差（允许增加的最大值）成正比，所以成立（2.12）这种逻辑斯蒂克递推方程，$\lambda>0$。

当 $\lambda=4$ 时，在（2.12）中令

$$x_n=\sin^2\left(\frac{\pi}{2}y_n\right),y_n\in[0,1]$$

则

$$\sin^2\left(\frac{\pi}{2}y_{n+1}\right)=4\sin^2\left(\frac{\pi}{2}y_n\right)\left[1-\sin^2\left(\frac{\pi}{2}y_n\right)\right]=\sin^2\pi y_n,$$

于是 $x_{n+1}=4x_n\ (1-x_n)$ 等价于

$$y_{n+1}=\begin{cases}2y_n,\ 0\leqslant y_n<\dfrac{1}{2}\\[2mm]2-2y_n,\ \dfrac{1}{2}\leqslant y_n\leqslant 1\end{cases}\tag{2.13}$$

（2.13）即三角帐篷 Λ 的迭代，可见蒙古包映射是混沌的，即 $y=4x\ (1-x)$具有与 Λ 相似的混沌三要素。

由此我们可以理解，在生物界和人类社会当中，在生态与人口变化当中，也存在混沌现象；某个物种的繁衍乃至泛滥成灾，例如蝗灾；某个物种的锐减乃至灭绝，例如眼镜蛇，是难以预报的，并不总是最适者生存，达尔文主义看来需要注入混沌科学的内容而加以修正了。人类问题则更加复杂，人类社会中混沌一片，例如面临世界金融市场时，对那些职业经济学家的预报，宁可信其假，不可信其真，因为这个领域是混沌的，本来不可长期预报，他硬要预报，那只能随他编造一些童话故事了。丘吉尔有句名言曰：“历史就是一件接一件见鬼的事件组成的”。

2.6　面片上的混沌

一位面包师把 1×1 的面片横向拉长成 2，纵向压缩成宽 a 的面条，$0<a<\frac{1}{2}$，再把它切成长 1 宽 a 的两段，把右手边的那一小片放在左手边那小片的正上方，以免两者粘连，且使两个小矩形面条的下底相距为 $\frac{1}{2}$；再次拉伸和变窄这两块小面条，拉长成 2，变窄成原来的 a 倍，且把它们切开成四块长 1 的小面条，把右手边的两块放到左手边那两小片的正上方，使得右手边的两片抬高$\frac{1}{2}$，如此不停地抻拉变窄和右半部抬

高$\frac{1}{2}$放到左半部正上方，可得到无穷条水平离散摆放的细面条，见图2-2，图2-2按$a=\frac{1}{4}$画出。

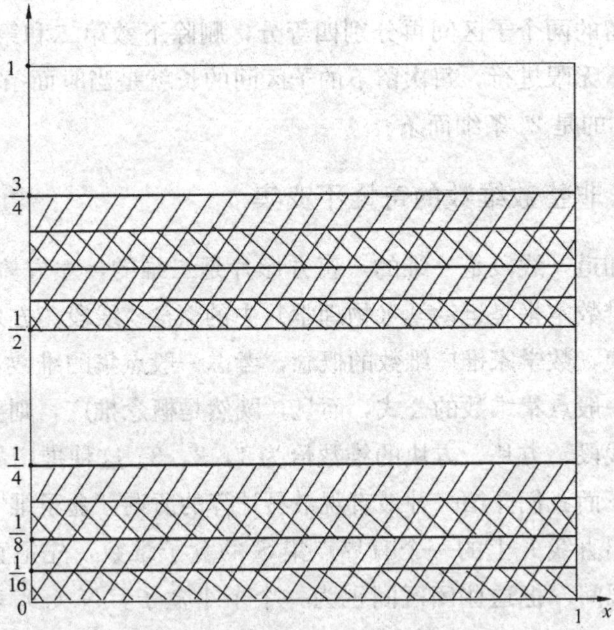

图2-2

这一过程的数学模型是

$$x_{n+1}=\begin{cases}2x_n, & \sigma\leqslant x_n<\frac{1}{2}\\ 2x_n-1, & \frac{1}{2}\leqslant x_n\leqslant 1\end{cases}\tag{2.14}$$

$$y_{n+1}=\begin{cases}ay_n, & \sigma\leqslant x_n<\frac{1}{2}\\ \frac{1}{2}+ay_n, & \frac{1}{2}\leqslant x_n\leqslant 1\end{cases}\tag{2.15}$$

由于$0<a<\frac{1}{2}$，所以在拉伸过程中，面片的面积不断地缩小，第n次拉伸后面积变成$(2a)^n$，而$0<2a<1$，故最后面条的总面积为零，这时得到的点集记成Λ_0，Λ_0已经到达极限，再对Λ_0施行伸拉、压缩和上移等动作，得到的仍是Λ_0，Λ_0变成它自己。称这种集合Λ_0为不变集。

由于 x 方向的迭代（2.14）是砍头映射的迭代，所以在上述运动中，在 x 方向上产生了混沌。

从图 2-2 中可以看出 y 轴方向上的演化情形，把 y 轴上的 $[0, 1]$ 区间四等分，在四个子区间中删去自下而上数的第二、第四两个开区间，把保留的两个子区间再分别四等分，删除下数第二和第四开区间，依次类推，无限进行，每次留下的子区间的长就是当时面条的宽度。第 n 回合得到的是 2^n 条细面条。

2.7　非整数维数的奇怪不变集

我们知道，线段是一维的，正方形片是二维的，立方体是三维的，事实上，维数本来是运动学（物理学）中的概念。线段、方片和方块是特殊的点集，数学家推广维数的概念，考虑一般点集的维数，企图给出一个计算一般点集维数的公式，而且，既然是概念推广，则要求该公式可以算出线段、方片、方块的维数恰为 1，2，3。这种推广的维数公式不唯一，下面我们介绍一种最直观最易计算的所谓“盒子维”。

欲求出直线 L 上的一个有界点集 S 的盒子维数，先把直线等分成长 ε 的闭区间，把这些闭区间视为一个个小盒子，$N(\varepsilon)$ 表示含有 S 中点的小盒子的数目，则计算 S 的盒子维数 $D(S)$ 时按公式（2.16）进行

$$D(S)=\lim_{\varepsilon\to 0}\frac{\lg N(\varepsilon)}{\lg\dfrac{1}{\varepsilon}} \tag{2.16}$$

为了印证（2.16）的合理性，我们用公式（2.16）算一下 L 上一条长 1 的线段 l 的维数 $D(l)$，取 $\varepsilon=\dfrac{1}{n}$，则含 l 上点的长 $\dfrac{1}{n}$ 的“小盒子”数为 $N(\varepsilon)=n$ 或 $n+1$，把 ε 与 $N(\varepsilon)$ 代入（2.16）得

$$D(l)=\lim_{n\to\infty}\frac{\lg n}{\lg n}=\lim_{n\to\infty}\frac{\lg(n+1)}{\lg n}=1$$

可见用（2.16）算出的线段的维数与我们早已认可的线段的维数一致。

欲求平面 π 上一个有界点集 S 的盒子维数，先把 π 等分成边长为 ε 的小正方形片，把这些闭的方片视为一个个小盒子，$N(\varepsilon)$ 表示含有 S 中点的小盒子的数目，则 S 的盒子维数 $D(S)$ 用公式（2.16）计算。

例如平面上边长为 1 的正方形区域 Q，取 $\varepsilon=\frac{1}{n}$，则 N（ε）$=n^2$ 或 $(n+1)^2$ 或 n（$n+1$），代入（2.16）得

$$D(Q)=\lim_{n\to\infty}\frac{\lg n^2}{\lg n}=\lim_{n\to\infty}\frac{\lg(n+1)^2}{\lg n}$$

$$=\lim_{n\to\infty}\frac{\lg n(n+1)}{\lg n}=2$$

用（2.16）算出的平面上一个区域的维数与我们早已认可的维数一致。

劝读者自己动手算一个边长为 1 的立方体的盒子维数。

一般而言，设 S 是 m 维（欧氏）空间的一个有界点集，把此空间等分成棱长为 ε 的 m 维小方盒，用 N（ε）表示含 S 中点的小方盒的个数，则定义 S 的盒子维为

$$D(S)=\lim_{\varepsilon\to o}\frac{\lg N(\varepsilon)}{\lg\frac{1}{\varepsilon}}$$

例如康托尔尘集 K 的盒子维 D（K）$=\frac{\lg 2}{\lg 3}$。事实上，取 $\varepsilon=\frac{1}{3^n}$，则 N（ε）$=2^n$，于是

$$D(K)=\lim_{n\to\infty}\frac{\lg 2^n}{\lg 3^n}=\frac{\lg 2}{\lg 3}=0.6309297\cdots$$

K 的维数竟是一个无理数，真是奇怪！

下面用公式（2.16）计算面包师拉出的面条的维数，即求不变集 Λ_0 的维数 D（Λ_0）。

对于 $a=\frac{1}{4}$，取 $\varepsilon=\frac{1}{4^n}$，则 N（ε）$=2^n$。于是

$$D(\Lambda_0(y))=\lim_{n\to\infty}\frac{\lg 2^n}{\lg 4^n}=\frac{1}{2}$$

其中 Λ_0（y）表示 Λ_0 在 y 轴上投影的维数，在 x 方向 Λ_0 的维数是 1，所以 Λ_0 的盒子维为 D（Λ_0）$=1+\frac{1}{2}=\frac{3}{2}$，是分数维。

对于 $a=\frac{1}{3}$，则可算出 D（Λ_0）$=1+\frac{\lg 2}{\lg 3}$，是无理维数，这时 $\Lambda_0(y)$是康托尔尘集。对一般的 $0<a<\frac{1}{2}$

$$D(\Lambda_0)=1+\lim_{n\to\infty}\frac{\lg 2^n}{\lg\dfrac{1}{a^n}}=1+\frac{\lg 2}{\lg\dfrac{1}{a}}$$

D（Λ_0）不是整数，比 1 维大，比 2 维小，是介于线与面之间的一个奇怪点集，故称 Λ_0 为面包师迭代（2.14）、（2.15）的奇怪不变集。

2.8　生命游戏

数学家和自然科学家喜欢把整体划分成部分，把复杂事物化成简单模型来讨论，这样当然会有化难为易，各个击破的好处，例如求凸多边形的内角和，则可以把凸多边形用从一顶出发的对角线把它划分成$n-2$个三角形，其中 n 是多边形边数，再由每个三角形内角和为 π 知凸 n 边形内角和是（$n-2$）π。物理学家有时则把球体约化为质点。把一个带电的球体约化为点电荷，等等。事实上，这是一种图方便的近似变通技术，有时不会影响总体的结论，但大多数情形这样得到的结论不是真的，从混沌的观点看，大有差之丝毫谬之千里之嫌！事实上，群体事物的性质往往并非每个单体事物性质的叠加，就像把每只苹果投入箱子则会得到一箱子苹果一样；如果是一只黄鼠狼和一只小鸡呢！要考虑的是集体现象的合作效益、相干效应等大量个体互相作用下表现的非平凡的不可预见的后果！这种现象，即使不如混沌那么神出鬼没，也是相当之复杂的，是介于秩序与混沌边缘的变化过程，美国科学家米歇尔·沃尔德罗（M. Waldrop）1995 年写了一本书叫做《复杂——诞生于秩序与混沌边缘的科学》，已有中译本，推荐给读者，不妨一阅。该书作者自称“试图解答一切常规学科无法解答的问题 ”云云。他说：“科学划分成的碎片越来越多，而真实的世界要求我们用更加整体的眼光看问题。”应当“从无人知晓的角度和深度来认识世界，冲击自牛顿以来一直统治着科学的线性的简化的思维方式!”“我们面临的是并不优雅的，科学尚未认识的世界，各种规模的动乱与崩落，包括最大的灾难、无序和非理性等，都属基本的现象。”该书作者呼吁年轻人应该“有一种不可思议的旺盛的精力和同志友谊与忠诚，一种令新思想释放的氛围 ，一种指向开放的自由氛围 ，一种对经典学科反叛的味道。”

1970 年，英国剑桥大学数学家康维（J. Conway）提出一种称为

“生命游戏”的问题，在《科学美国人》杂志上发表，叫板悬赏征解。问题如下：

在正方格的棋盘上，如果一枚棋子摆在某格上，则曰此棋子“活”着，如果把棋子从某格拿掉，则曰此棋子“死”去，即每个格子仅有“生”与“死”两种状态之一，有棋子时称为“生”态，无棋子时称为“死”态。每个方格有八方邻居——东、西、南、北、东南、西北、东北、西南；游戏规则是：

①对于“生”态格子，若其邻居中有两个或三个是“生”的，则该格继续存活，否则变成“死”态（这是由于过于拥挤至死或过于孤独而亡）；

②对于“死”态的格子，若邻居中有三个“生”态，则该格转变为“生”态（新繁殖出来的），否则仍是“死”态。问能否出现自我复制的克隆过程？

已有不少人研究过这一游戏，肯定了克隆过程是可以发生的。例如图 2-3 中的（b）、（c）、（d）就出现自我复制。

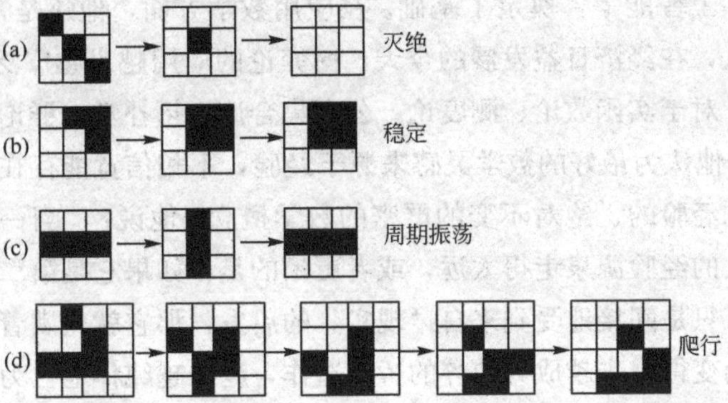

图 2-3

读者可以自己设计一些初始状态，在更大的棋盘上做这种“生命游戏”，且给出灭绝、稳定、周期振荡和爬行的初始状态满足的条件。

生命游戏是复杂理论这一新兴学科的典型模型，它与冯·诺依曼（1903～1957）研究的机器人自我复制、进化理论和自动机理论有密切关系。

2.9 20世纪最伟大的数学家之一

冯·诺依曼（J. Neumann），1903年生于匈牙利，10岁入大学学习，12岁精通了波莱尔的专著《函数论》，18岁与老师合作发表了新颖而具时代精神的论文，1930年赴美工作，1932年任普林斯顿大学教授，1933年任普林斯顿高级研究院领导人，是六大著名教授之一，是年他不满30岁。由于工作需要，这位成熟的数学家自学了量子力学，且成了当时公认的量子力学的权威。1940年，他由一位纯数学家转向为一位应用数学家。第二次世界大战开始后，积极参加与反法西斯战争有关的科研项目，使得在武器研制方面美国处于世界领先地位。冯·诺依曼是制造原子弹的首席科学家和领导者。他很快就成了武器设计家，在军备竞赛中为美国政府出谋划策。

冯·诺依曼的最重大的贡献是与他人合作研制出第一台电子计算机，这一成就不仅轰动了当时的世界，而且将深远地影响人类文明，他对计算机的理论进行了深入研究，为计算机的进一步发展，例如元胞自动机和人工智能等，奠定了基础。在应用数学方面，他还是“博弈论”的创始人，在经济日益发展的今天，博弈论的应用越来越广泛。在纯数学方面，对于实函数论、测度论、公理集合论、拓扑学、群论也都有巨大贡献。他认为最好的数学灵感来源于经验，不相信竟能存在一种脱离一切人的经验的、绝对不变的严密的数学概念。他说：“当一门数学学科离开它的经验源泉走得太远，或者更糟的是，如果它是第二代或第三代学科，只是间接地受到来自‘现实’的启发，那它就充满着严重的危险，它会变得越来越成为纯粹的矫揉造作，越来越纯粹地‘为艺术而艺术’。一门学科存在着依阻力最小的路线发展这种严重危险，就像一条河，离开它的源泉太远之后，分成许多涓细不足道的支流，使这门学科变成一大堆杂乱的细节和繁复的东西。换言之，一门数学学科在离开它的经验源泉太远之后，或者经过太多的‘抽象’配种，它就有退化的危险。”

另外，冯·诺依曼极富文字与口头表达能力，擅长科学讲演，他讨论与研究的是高深艰涩的抽象数学理论或尖端科学技术，但著书立说时，他的书却写得深入浅出，道理深刻又可读性强，这与他的社会科学功底深有关，他能流利地讲拉丁语、希腊语、德语、法语和英语，而且对古代史了如指掌，他幽默感很强，著文谈话妙语连珠，常以独特的口吻谈出对科学、对社会的中肯评论。

由于科学工作强度太大，效率太高，正当他精力旺盛成果频出之时身患癌症，这位数学巨人，于 1957 年 2 月 8 日过早地离开了人间！

2.10 混沌学座谈纪要

混沌学是 20 世纪人类四大科学成就之一，另外三个是量子力学、相对论和计算机科学技术。混沌一词正式作为数学名词出现在科学文献上是 1975 年的事。20 多年来，它以科学史上空前的速度发展成有丰富的非线性物理背景和深刻复杂的现代数学内涵的现代学科。已出版的混沌学著作，像样的近 300 部，发表的混沌研究论文近万篇。数学家说，混沌是数学的新分支，物理学家则说，混沌是非线性物理的新分支，其实它是物质科学、社会科学与数学科学三栖的边缘学科，所以其发展天地十分之宽广。

混沌在普通话里是确定性规律支配的事物变化却极端复杂和其行为不可预测的同义语，也有人把混沌写成浑沌，美国人写成 Chaos。我们应当用数学的语言澄清混沌的概念，不可牵强附会望文生义地去乱谈混沌。上面我们论证出的混沌的三个要素和造成这种无规律运动的映射，使我们看到复杂万状的混沌运动的机制却可能是极其简单的确定规则的反复作用的结果，我们应当树立寻求复杂现象的貌似随机背后隐藏的制造混沌的某种规律。一般而言，混沌现象背后都有反复拉伸与折叠或重叠的背景。

混沌概念与理论的孕育可以追溯到 19 世纪，庞加莱和洛伦兹是两位最重要的代表人物。

庞加莱（J. Poincaré，1854～1912），法国南锡人，上层阶级出身，其父是法国名医，南锡大学医学教授，他的堂兄曾任法国的首相，第一次世界大战时的法国总统。庞加莱身体虚弱，行动笨拙，其貌不扬，但却有非凡的数学天才。小时候即获法国中学生数学竞赛一等奖，后人巴黎工科大学和矿业学院学习，1879 年获科学博士学位，27 岁被任命为巴黎大学教授。他每年讲授一门不同的课程。他以伟大的首创精神和卓

庞加莱（Poincaré，法国，1854～1912）

越的技巧处理了纯数学与应用数学的几乎所有领域的内容，发现了许多前人未知的领域。他总共写出 30 卷以上关于数学、物理学与天文学的专著，6 卷通俗著作以及 500 篇数学论文。他是个敏捷、多才而且不倦的思想家，不爱在细节上纠缠，被当时科学界戏称为“一名征服者但不是殖民者。”32 岁当选为法国科学院院士，审批他为院士时的评语是“他的工作非普通言辞所能赞誉，他解决了前人所未曾梦想过的问题。”由于他的成就和对人类的伟大贡献，1954 年 5 月 15 日在法国隆重举行庞加莱诞辰 100 周年纪念大会，表彰他的业绩和为人，参加大会的包括总统、教育部长和各国著名科学家。

庞加莱非常看重爱因斯坦的能力，于1911年介绍爱因斯坦第一次到高校任职，为爱因斯坦创造了良好的工作环境。

1902年以后，庞加莱为大众进行了大量的科学讲演，把数学和科学的内容、方法和意义以及他自己的工作与体会热忱地介绍给非专业的听众，之后整理出版了四部风趣、深刻、引人入胜的高级科普著作：《科学与假设》、《科学的价值》、《科学与方法》、《最后的一些想法》，思路清晰，深入浅出地分析了自己的治学方法和成果，这些著作比第一流散文大师的作品毫不逊色。

庞加莱是全能数学家，对所处时代的全部数学有创造性的掌握，他可能是达到这种地步的最后一个人物了。他在研究天文学时，19世纪末发表了一篇长达270页的论文《论三体问题和动力学方程》，发现了今日我们称之为混沌运动的轨道，他说："这些图案复杂得令人惊奇，甚至我不可能把它们画出来！"并在1903年，在名著《科学与方法》一书中指出了混沌存在的可能性，从而成为世界上了解混沌存在的第一人，庞加莱指的"图案"，现在称之为Poincaré栅栏，它是混沌的一种典型表现。

到了20世纪60年代，美国麻省理工学院的气象学教授洛伦兹在搞数值天气预报时，遇到了做不准长期预报的麻烦，发现了有名的"蝴蝶效应"。1963年发表《确定性非周期流》的论文，是混沌理论的开创性工作之一。他从大气运动服从的确定的物理规律出发，正确地建立了大气的数学模型——洛伦兹方程组，但用计算机解得的天气运动却是随机性的，不可预报的！他的工作被科学界冷落了12年，直到1975年，中国学者李天岩和美国数学家约克（J. Yorke）在《美国数学》杂志上发表了《周期可导出混沌》一文，第一次用了混沌（chaos）这一名词，从此对混沌的研究热一发而不可收，1977年，第一次国际混沌会议在意大利召开；1986年，第一届中国混沌会议在桂林召开，北京大学、中国科学技术大学等著名学府纷纷成立非线性科学中心，集中了一大批优秀科学家投入混沌研究。

洛伦兹于1972年12月29日为美国科学发展协会第139次会议写出新闻公报，题目是"可预报性：在巴西一只蝴蝶翅膀的拍打能够在美国得克萨斯州引发一场龙卷风吗？"提出了有趣的蝴蝶效应，指出天气系统对初值敏感依赖，所以长期预报不能报准。后来人们半开玩笑半认真地说北京人咳嗽一声或许会让纽约人去铲雪。为什么天天有蝴蝶飞，不是天天有龙卷风呢？这是由于其他蝴蝶或别的什么东西也在干扰天气系统，干扰间互相抵消了，才不至于天天形成严重的灾害性天气。

现在仍然有不少数学家和科学家对混沌知之甚寡，更不必说一般的年轻人了。正如《侏罗纪公园》一书的主角马康姆所说："我搞的是混沌理论，但是我发现没有人愿意倾听这门数学的意义；其实它暗示了对人类生活中的许多有重大意义的道理，其重要性远远超过人人喋喋不休谈论的学究气十足的那些理论。"这种混沌理论可以用来研究从股市熊牛到暴乱人群，从癫痫病人脑电图到心肌梗塞病人心血管的无规变化，从日地月三体运动到流星的形成，从生态失衡到人口控制，从催化反应到无线电波，从超导到加速器等等可能出现混乱和不可预测状态的很多复杂运动，寻求其中潜在的确定性机制和混沌的后果。

在社会科学当中，也有不少混沌事物值得探讨。系统论创始人维纳（Wiener）1981年曾引用下面的歌谣来提醒人们，社会生活中某些看似微不足道的变化可以引发一个民族一个国家的危机乃至灭亡：

钉子缺，蹄铁卸；
蹄铁卸，战马蹶；
战马蹶，骑士绝；
骑士绝，战事折；
战事折，国家灭！

在国际国内环境中，战争对与其关联的初始状态有敏感依赖性，有些不大的事件，由于防范不周或处理不当，往往引发一场大的战争灾难。例如第一次世界大战，夺去了至少1500万人的性命，造成全球性灾难！起因（导火线）就是一位皇储被刺。1990年的海湾战争，多国部队动用最现代化的海陆空先进武器，消耗大量金钱，并且给伊拉克这个文明古国（古巴比伦）的人民尤其是儿童造成十年的饥饿、疾病和死亡，起因仅仅是萨达姆这位不晓得国际风云对初值敏感依赖的暴君对小国科威特的不义侵犯。

在经济领域，公众对做经济预报的经济学家没有什么好印象，他们和长期天气预报员一样，名声不佳，往往受到现实的嘲笑，这是因为经济系统是混沌的。正如著名经济学家 C. 莱斯利所说："与正统政治经济学假定的那个光明、有序、均等和组织完善的世界相反，商业世界是一个混乱、偶然的世界，其中充满着破坏和浪费，不总是最适者生存。"经济学家们孜孜以求的一直是科学的确定性。如今他们开始起用数学工具探索经济运行当中，在有序外表掩盖下的混沌。美国著名经济学家理查德 1991 年出版了名著《混沌经济学》，用混沌的理论与方法研讨了当今经济领域的各种热点问题。

混沌的研究对象可文可理，那种文理泾渭、楚河汉界的观点和做法已经过时。混沌在思想文化领域当中，起着改造人们世界观的作用。回想当年伟大物理学家爱因斯坦的名言："上帝精明，但无恶意，我无论如何深信上帝不是在掷骰子。"而著名天文学家与数学家拉普拉斯（Laplace）则坚信："宇宙中最微小的原子和最庞大的天体之运动，都包含在一个方程之中，没有什么东西是不确定的。"这种影响过几代人的世界观显然与混沌科学的真理格格不入，到了 21 世纪，这种可预测性的信念看来是必须要改变了，在非线性的现实当中，什么始料不及的怪事都可能发生。只是我们事先并不知道！混沌理论对人类思维方式的冲击是根本性的，西方科学家布里格斯在《湍鉴》一书上公开说："自然界本质上是不可预测的，我们接触着事先梦想不到的实在，从事意想不到的活动。"在此我们可以提出这样的问题：从混沌的观点来说，社会生活是否有规律？对这一问题似应运用数学方法，借他山之石，加以推敲。例如我国未来学家黄硕风在其著作《国家盛衰论》中就引用混沌的观点研究国家的盛衰兴亡事。书中引用了王树和《综合国力的数学建模》论文中的结果，研讨国家发展、动荡与崩溃的可能。

混沌出自秩序，出自非线性的确定性系统，我们的愿望之一是从混沌的表现中挖掘出它的确定性机制，秩序来自混沌！

关于混沌科学的大众化著作很多，中文版的有：

①刘华杰著《混沌之旅》（山东教育出版社，1996）

②E. N. 洛伦兹著《混沌的本质》（刘式达等译，气象出版社，1997）

③利昂·格拉斯等著《从摆钟到混沌——生命的节律》（潘涛等译，上海远东出版社，1996）

④伊恩·斯图尔特著《上帝掷骰子吗——混沌之数学》（潘涛译，上海远东出版社，1996）

读者不妨找来一阅。

03 危机篇

逻辑有时生出怪蛋。

——庞加莱

3.1 毕达哥拉斯学派何以把门生投入大海

故事发生在公元前5世纪，那一日爱琴海上恶浪滔天，风雨中飘摇的木船上，一伙道貌岸然的年轻学者把他们的同学希帕索斯（Hippasus）身捆石头抛入了大海，制造了数学史上的一桩特大冤案，制造这场凶案的这些年轻学者的老师，正是古希腊赫赫有名的大学问家毕达哥拉斯（Pythagoras，公元前580年～公元前501年），毕老夫子是当时希腊政治、科学和宗教的统治集团“友谊联盟”的领袖，该集团由300多位有社会地位、有学问的人士组成。当时是奴隶制社会，“友谊联盟”内部岂有友谊可言，一切以毕达哥拉斯学派的是非为是非，其他人必须服从，顺之者生，逆之者亡。在数学上，他们形成了影响深远的毕达哥拉斯学派，证明了勾股定理、三角形内角和为180°等重要数学定理，首先提出黄金分割和正多边形与正多面体等精彩概念，对古代的数学发展做了巨大贡献。他们的旗帜上写着：“万物皆数”（也翻译成“数统治着宇宙”），他们说的“数”指的只是正整数和正分数。

公元前470年，毕达哥拉斯学派的学生希帕索斯请教老师如下的问题：

边长为1的正方形，对角线的长是多少？

事实上，按祖师爷毕老先生证明的勾股定理，对角线的长l应满足

$1^2+1^2=l^2$，即 l 应该是这样的一个正整数或正分数，它的平方等于 2。

但是，$1^2=1$，$2^2=4$，$3^2=9$，…，所以 l 不是自然数，设 $l=\frac{p}{q}$，$\frac{p}{q}$是既约正分数，则应有

$$l^2=\frac{p^2}{q^2}=2，p^2=2q^2 \tag{3.1}$$

由（3.1）知 p 是偶数，令 $p=2k$，k 是正整数，则

$$4k^2=2q^2，2k^2=q^2 \tag{3.2}$$

由（3.2）知 q 是偶数，从而 p 与 q 有公因数 2，与$\frac{p}{q}$是既约分数相违。

正是上述这一问题和导致的矛盾激怒了毕达哥拉斯学派，更要命的是动摇了当时被尊为神圣真理的信念——数只有正整数和正分数两种。希帕索斯提出对角线问题的挑战性和叛逆性，使得友谊联盟必置希帕索斯于死地，以捍卫他们关于数的既定信念。

正方形的对角线不能没有长度，这是任何人都承认的事实，正是这条直观具体的对角线的客观存在与毕达哥拉斯时代的数学观念之间发生了上述不可调和的矛盾和冲突，杀死一个希帕索斯问题仍然未得到解决！当时人们的思想水平受历史背景和科学水平的局限，几乎人人信奉毕达哥拉斯学派的关于宇宙万物皆正整数或正分数的教条，这好似当初人们都相信托勒密（Ptolemy）太阳绕地球转的地心学说一样，除了无知和对名人权威的盲从崇拜之外，也与大家不善于抽象思维和严格地逻辑推理，一切都诉诸粗糙的直观感觉有关。

数学史上称在“万物皆数”（仅承认正整数和正分数是数）的信仰统治下算不出正方形对角线的长这一数学困惑为第一次数学危机。

后来数学家把毕达哥拉斯学派所称的数为有理数（的一部分），这在一定程度上照顾了这位在数学史上做出过大贡献的前辈的面子，也迎合了一般人的心理和直觉。上面已严格证明边长为 1 的正方形之对角线的长不是有理数。称不是有理数的实数为无理数，希帕索斯是发现无理数的第一人。从“友谊联盟”的观点看，无理数是逻辑推理生出的一只怪蛋！再后来许多数学家对无理数的概念和

理论做了大量的工作，给出了无理数的准确定义和性质，这件事一直干到19世纪才基本完工，代表人物有戴德金（Dedekind）、罗素（Russell）、康托尔（Cantor）和维尔斯特拉斯（Weierstrass）等人。

戴德金（Dedekind，德国，1831～1916）

由于无理数的引入，排除了第一次数学危机，或者我们应当庆幸第一次数学危机来得早，使无理数这个数学中的主角之一早日登上了数学的舞台。我们应当为希帕索斯喊冤叫屈，佩服其造反精神，相传精明的希帕索斯身高 1.41 米，体重恰为 141 磅，他这些生理指标暗示他是$\sqrt{2}$的化身，这些传说的真伪已无从考查，人们姑妄谈之，我们姑妄听之，但有一点丝毫不可姑妄，那就是科学精神绝非信仰，科学是批判的、疑问的、创造的、严谨的和求实的，科学工作中不容忍迷信、崇拜和信仰。

3.2　有理数平易近人，可数可列

以非负有理数来说，0 表示什么也没有或出发点，数列 1，2，3，…,表示从 1 开始一个一个地多起来；或者说从 0 开始，每个整数有唯一的一个“后继”，这些都是我们日常数（例如清点教室里有几张桌子）物件时的自然概念；而分数，例如$\frac{4}{9}$表示把一块饼平均切成 9 小块，取其中 4 小块的部分之多少，等等，可见有理数是可以看得到，容易理解的数量，所以当初数学上命名其为“有理”数。

如果把有理数用十进制（二进制等也是这样）表示，用有限个数字即可表达，例如 30^{30}，1.5，$0.\dot{1}98\dot{9}$，等等。它们能方便地用可视的有限数字精确地表示出来。

有理数集合中的数可以编号，谁是 1 号有理数，谁是 2 号有理数，等等，可以人为地加以指定，下面给出一种编号方案，我们把以 q 为分母的正既约分数$\frac{p}{q}$们（$p>0$，$q>0$）排成下列无穷的方阵，每横行分母一致，分子从小到大排列，上面方阵中囊括了一切正有理数，再按箭头所示的次序来编号，1 编成 1 号，2 为 2 号，$\frac{p_{11}}{2}\left(=\frac{1}{2}\right)$是 3 号，等等，于是每个正有理数都会迟早获得唯一的一个指定的号码。再把 0 编成 0 号，把这些号码皆乘以 2，把得到的新号码 $2k$（皆偶数）减 1 所得的奇数码赋予与带有 $2k$ 码的那个有理数相反的数，例如$\frac{1}{2}$的号码是 $2\times3=6$，$6-1=5$ 则是$-\frac{1}{2}$的号码，如此，全体有理数皆编了序号 0，1，2，…与全体无理数相比（下面要细讲无理数不可编号），有理数全体的这种可以有序化或曰“可数性”是有理数名符其实的一个“有理”的表现。

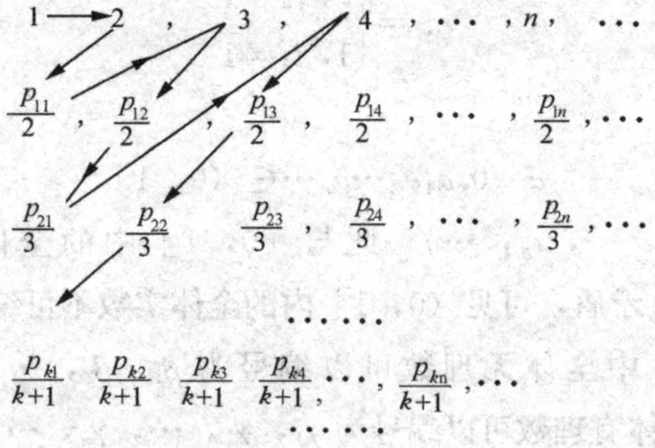

3.3 无理数神出鬼没，数不胜数

无理数也有无穷多个，例如

$$0.112123\cdots\underbrace{123\cdots k}_{k\text{个相异数}}\cdots \tag{3.3}$$

是一个无理数 α_1，它无限又不循环。若把（3.3）中的数字 1 全擦掉则得 α_2，α_2 也是无理数，把 α_2 中的数字 2 全擦掉，则得无理数 α_3，如此可以得出无穷个无理数，这部分无理数 α_1，α_2，…，α_n，……与全体有理数可以一一对应，α_1 与 0 号有理数是一对儿，α_2 与 1 号有理数是一对儿，…，α_{k-1} 与 k 号有理数是一对儿，可见无理数的一部分已经和全体有理数一样多。

无理数集合中的元素不可编号。这只需证明（0，1］中的实数不可编号。用反证法，若可以把（0，1］中的实数编号成 t_1，t_2，…，t_n，…,其中

$$t_1=0.t_{11}t_{12}t_{13}\cdots$$

$$t_2=0.t_{21}t_{22}t_{23}\cdots$$

……

$$t_n=0.t_{n1}t_{n2}t_{n3}\cdots$$

……

其中 $t_{ij}\in\{0,1,2,\cdots,9\}$，$i$，$j$ 是自然数，且每个 t_i 中的右端有无限个数字不是零。例如，0.5 则写成 0.499…9…。观察对角线上的数字

列 t_{11}，t_{22}，…，t_{nn}，…，取

$$a_i=\begin{cases}2,\ t_{ii}=1\\1,\ t_{ii}\neq 1\end{cases}$$

则十进小数

$$a=0.a_1a_2\cdots a_n\cdots\in(0,1]$$

且 $a\notin\{t_1, t_2, \cdots, t_n, \cdots\}$，此与（0，1］中的全体实数是 $\{t_1, t_2, \cdots, t_n, \cdots\}$ 矛盾，可见（0，1］内的全体实数不可编号。

若（0，1］中全体无理数可以编号为 β_1，β_2，…，β_n，…，又知（0，1］中的全体有理数可以编号为 γ_1，γ_2，…，γ_n，…，考虑数列

$$\gamma_1, \beta_1, \gamma_2, \beta_2, \cdots, \gamma_k, \beta_k, \cdots \tag{3.4}$$

则（0，1］中的全体实数可按（3.4）的次序编码，与上述证明出的事实相违，至此知（0，1］中的全体无理数进而实数集中的全体无理数不可编号。

无理数们的这种不可数性是它们的一种“无理”表现。从无理数不可数（编号）可知无理数比有理数多得多，通俗地说，有理数可以一个一个地数，而无理数则多得数不胜数。

3.4 有理数是米，无理数是汤

如果把实数轴（集）比喻成一锅黏稠的粥，则可数的有理数们是一粒粒离散的米粒，它们在数轴上处处稠密，事实上，若 γ_0 是一个实数，设 γ_0 是有理数，则 γ_0 的任意近旁，$\gamma_0\pm\frac{1}{n}$（$n\gg 1$，$n\in\mathbf{N}$）是两个有理数；若 γ_0 是无理数，则

$$\gamma_0=\bar{\gamma}_0+0.\bar{\beta}_1\bar{\beta}_2\cdots\bar{\beta}_n\cdots \tag{3.5}$$

其中 $0.\bar{\beta}_1\bar{\beta}_2\cdots\bar{\beta}_n\cdots$是无理小数，$\bar{\gamma}_0$ 是有理数，于是

$$\gamma_0'=\bar{\gamma}_0+0.\bar{\beta}_1\bar{\beta}_2\cdots\bar{\beta}_n \tag{3.6}$$

是 γ_0 近旁的一个有理数，$|\gamma_0-\gamma_0'|<\frac{1}{10^n}$。可见数轴上任一点的任意近旁都有有理数存在，即有理数处处稠密。类似地可知无理数在数轴上处处稠密。有理数们处处稠密地离散地浸泡在无理数的“汤”里。

3.5 问遍天堂地狱，谁人知π真面貌

一提到π，即圆的周长与其直径的比例常数，每个中华学子都会神采奕奕，脸上有光，π的近似值是我国对世界数学最辉煌的贡献之一。中国古代数学家祖冲之、刘歆、蔡邕、张衡和刘徽等都对π做出过极为出色的工作，尤以祖冲之为最佳。成书于公元前1世纪的我国数学名著《周髀算经》中已有“周3径1”的记录，公元初年，东汉朝廷则明文规定用π=3作为计算圆面积的标准，王莽年间刘歆（公元前50～23年）得出π=3.15466；东汉蔡邕曰“经八寸，周二尺五寸”，得出π=3.125；张衡（公元78～139年）得到

$$\pi=\frac{730}{232}\approx 3.1466,\quad \pi=\sqrt{10}\approx 3.1622$$

三国时代魏国刘徽对《周髀算经》上的π=3进行了批评，刘说：“学者踵古，3其谬矣!”他不从俗崇古，创立了“割圆术”和“徽率”，从圆内接正六边形出发，边数倍增至正192边形，得出

$$3.14\frac{64}{625}<\pi<3.14\frac{169}{625}$$

刘徽在割圆求π过程中已经悟出了极限的观点，他说：“割之弥细，所失弥少，以至于不可割，则与圆周合体无所失矣。”

祖冲之是今河北省易县人，生于公元429年的南北朝时期，于公元500年逝世。祖冲之出身书香门第，却不全盘接受保守的儒家思想，他崇尚自然科学，发明了“大明历”，测出地球绕日的周期为365.24281481日，与现代所测值误差仅50秒，1500多年前就得出如此之精确的结果，令世人惊叹！他还准确无误地预报过四次月食的时间和空间位置。他的数学名著《缀术》是我国历史上最优秀的数学教材，唐代朝廷规定《缀术》为学校的必修科目和招生命题的法定著作。祖冲之与其爱子祖暅巧妙计算了球体体积，且把他们父子的方法总结成下面的“祖家定理”：

夹在两平行平面间的两几何体被平行于这两平面的任意平面所截，若所得两截面相等，则两几何体等体积。

事实上，这一定理就是现代微积分中重积分的理论与方法的原型。一千多年后，意大利人卡瓦雷利（Cavalieri，1598～1647）才发现了同

刘徽（中国魏晋，3世纪）

样的定理。

祖冲之最值得我们称道的成就是他给出了 $\pi\approx\frac{22}{7}\approx3.142857$ 和 $\pi\approx\frac{355}{113}\approx3.1415929$，数学史分别称之为约率与密率，是公元5世纪的数学奇迹。国际上已把月球上的环形山命名为“祖冲之山”，1977年决定把1964年11月发现的小行星命名为“祖冲之星”，祖冲之与日月同辉！

直到今日，数学界仍在对 π 进行研究与计算。

1914年，印度大数学家拉马努金（S. Ramanujan）给出近似公式

$$22\pi^4 \approx 2143$$

不信你用计算器试试看，从此公式可以算出 π 的八位小数的准确值。

1989 年，东京大学的金田康正用计算机算出 π 的 53687 万位小数；美国人不服气，哥伦比亚大学的戴维·丘德诺夫斯基和格雷戈里·丘德诺夫斯基兄弟把 π 计算到第 1011196691 位。有消息说，1999 年有人把 π 计算到 2000 多亿位小数。

我国桥梁专家茅以升老先生作为消遣，能背诵 π 的百位小数，真令人敬佩！

1761 年，兰伯特（Lambert）证明了 π 是无理数；1882 年，林德曼（Lindemann）证明了 π 是超越数；所谓超越数是指不是有理系数多项式的根的实数，否则称为代数数。

作者曾长时间通读中国科学技术大学数学图书馆里陈列的 π 的万位小数，给我们的印象是状似随机，找不出什么规律，这可能是它的超越性使然！有消息说在 π 的小数展开中已发现六个 9 连排的现象，即在 π 的小数中出现了

$$\pi = 3.1415\cdots\underbrace{999999}_{6\text{个}9}\cdots$$

但是，如果问：π 的小数部分是否有 10 个 9 连贯出现？估计这不是一个很容易回答的问题；如果敢问：π 的小数部分是否有 100 个 9 连贯出现？估计这肯定是一个很不易回答的问题。这种问题，包括把 9 换成其他数字的相似问题是要提出多少就可以提出多少的，每一个都非常之难！

从某种意义上来说，π 是一个永远不能认识清楚的数学妖怪，其他无理数，例如$\sqrt{2}$，也有这种无理的怪脾气。这正是为克服第一次数学危机引入无理数付出的代价，人类不断地为自己制造难题和危机！

π 给我们摆了诸多难题，工程师们则根本不关心小数点第十位以后 π 的数字是几，似乎对 π 的纯理论研究没有什么用处，例如证明 π 的超越性纯属抽象的理论探讨。然而正如 J. 纽曼（James Newman）所云："数学最抽象最无用的研究被人们发展了一段时间之后，常常被其他部门所俘获，成了解决问题的工具，我想这不是偶然的，就好像一个人戴了一顶高帽子去参加婚礼，后来在起火时发现它居然可以当水桶用。"

祖冲之（中国南北朝，429～500）

利用 π 的超越性解决了三大几何问题之一的“化圆为方”问题，完全印证了纽曼的上述观点；所谓化圆为方问题是指：

用圆规和（无刻度）直尺作一个正方形，使其面积等于任意给定的圆的面积。

这个问题是以普罗他哥拉斯为首的诡辩学派于公元前 400 年左右提出的（另两个问题是用圆规直尺三等分角和倍立方问题）。1895 年，克莱茵（Kline）总结了前人两千多年的研究，给出了简明严格的证明，证明三大作图题只用圆规和直尺是不可能作出的。

事实上，若圆半径是1，则面积为π，于是我们需要用圆规直尺作出一个正方形，它的面积也是π；设该正方形边长为x，则x满足方程

$$x^2=\pi$$

从而$x=\sqrt{\pi}$。由初等几何我们已经知道，线段能用圆规直尺作出的充分必要条件是所求线段之长能用已知线段的加、减、乘、除和开平方五种运算算出；这里我们已知的线段仅为圆的半径，此半径之长为1，1经$+-\times\div\sqrt{\ }$只能得出代数数，而π是超越数，$\sqrt{\pi}$也是超越数，所以由1经$+-\times\div\sqrt{\ }$得不到$\sqrt{\pi}$，即得不到欲求线段x，故化圆为方问题无解！

我们在此领教了π为超越数这种貌似脱离应用的纯数学研究的成果，竟成了解决“化圆为方”这种千年难题的钥匙，显示了数学理论研究的价值和力量。

饮水思源，我们应该感谢挑起第一次数学危机的年轻有为的数学家希帕索斯，正是他死不悔改地向传统的思想禁锢进行的挑战和牺牲，接生了无理数，使得我们能看到建立在无理数理论上的诸如“化圆为方”这种超级难题的结论，而且无理数理论是数学分析、混沌等几乎所有现代数学的基石。

无理数调皮，无理数无理，无理数有用。

3.6 为全人类增添光彩的人物

牛顿（I. Newton），英国林肯郡人，出身农家，1642年生，尚未出生即已丧父，降生后其母改嫁他乡，小牛顿由外婆抚养和供其上学，1661年考入剑桥大学，1669年被评为剑大数学教授，1703年被选为英国皇家学会会长，并接受女王安娜的封爵，1727年逝世。

牛顿的科学贡献涉及数学、力学、天文学、物理学和化学等众多领域，为数学和自然科学奠定了以下四个方面的基础。

(1) 创建微积分，奠定了近代数学的基础

牛顿与德国数学家莱布尼茨同时独立创立的微积分，后来发展成近代数学的中心学科，在它的基础上衍生出常微分方程、偏微分方程、复

牛顿（Newton，英国，1642～1727）

变函数论、微分几何、泛函分析、变分法等数学分支以及理论力学、天体力学等自然科学学科。为数极多的数学问题和自然科学问题，不用微积分就根本不能解决。在微积分的成果面前，就连曾不遗余力攻击牛顿的流数（即导数）术挑起第二次数学危机的大主教伯克莱（G. Berkeley，1685～1753），最后也表态说：“流数术是一把万能的钥匙，借助于它，近代数学家打开了几何乃至大自然的秘密，这一方法使数学家们能够在发现定理和解决问题方面大大超越古人。”现代著名科学家冯·诺依曼如此评价："微积分是近代数学当中最大的成就，对它的重要性，无论怎样估计，都不会过分。"

(2) 首创光谱分析实验，为近代光学奠定了基础

(3) 发现力学三大定律，为经典力学奠定了基础

(4) 发现万有引力定律，为近代天文学奠定了基础

科学家阿西莫夫认为，任何一位科学家，只要具有牛顿这四项发现中的一项，就足以成为最著名的科学家，而牛顿集四项成就于一身，只有牛顿是有史以来最伟大的科学家，是人类文明史上的超天才。

1665 年伦敦发生瘟疫，剑桥停课，牛顿还乡一直住到 1667 年，时年 22 岁到 24 岁，风华正茂、才气横溢的牛顿在家乡做出了人类思想史上无与伦比的几项发现：负指数和分数指数的二项式级数；微分学和积分学；作为了解太阳系结构的万有引力定律；用三棱镜把日光分解成可见光谱，借以解释了彩虹的由来等。

牛顿是一个内向沉稳的科学家，对出书和发表文章没多大兴趣，代表作是《自然哲学的数学原理》。他是一个对科学痴迷到不食人间烟火的人。关于牛顿的轶事很多。下面列举若干。

①一日，牛顿一边煮鸡蛋一边看书想问题，过了好长时间才想到该把煮熟的鸡蛋捞出来吃，结果竟从锅里捞出一块怀表，原来他只顾思考问题，把怀表当成鸡蛋扔到锅里煮了！

②又一日，一位朋友来访，牛顿请人家一同用餐，他想起自己有一瓶好葡萄酒，于是对这位朋友说，我去拿酒，请稍候。朋友左等右等不见牛顿回来，就去找他，一看，牛顿正在他的实验室里紧张地做实验，早把请朋友喝酒的事忘到脑后去了。

③再一日，一位朋友请牛顿吃饭，饭菜摆好，朋友再三催牛顿从书房出来用餐，牛顿迟迟不出来，朋友饿了，狼吞虎咽把饭菜吃了个精光，啃剩的鸡骨头扔得狼藉满桌，后来牛顿出来吃饭，看到桌上的骨头，自言道："我真糊涂，这顿饭我不是吃过了吗！"于是又回书房继续研究他的问题。

④牛顿青年时代与表妹相爱，谈婚论嫁，一对恋人已约定结婚日期，可是因为科研一忙，牛顿竟忘记了结婚日期，女方误认为表兄心变，另求新欢了。从此牛顿再未婚恋，独身生活一生，把全部身心都献

给了科学事业。

⑤传说一日牛顿端坐苹果树下思虑问题，突然一只苹果砰然坠地，牛顿自问，为什么这只苹果一定要垂直落地而不飞向他方？从中悟出定是地球在拉动这只苹果，进而究之，是否物体间皆互相吸引牵拉？再经实验研究，终于发现了万有引力定律这一自然界的金律。

英国人把牛顿视为神圣，一位诗人为牛顿写墓志铭曰：

"宇宙和自然规律隐藏在黑暗之中，
神说：
让牛顿降生吧！
一切才会光明。"

当然牛顿绝非神仙下凡，他自我评价说他是站在巨人肩上的孩子，所创的科学理论，只是"在科学的大海岸边拾到的几只美丽的贝壳而已。"

3.7　此人就是一所科学院

莱布尼茨（G. W. Leibniz），德国莱比锡人，1646 年生，出身书香门第，父亲是莱比锡大学哲学教授，与牛顿的命运相似，莱布尼茨六岁丧父，由慈母抚养成才。15 岁考入莱比锡大学法律系，但他最有兴趣的却不是法律，而是数学。20 岁完成法学博士论文，校方以他太年轻为口实，拒授他法学博士学位。另一所大学仔细审阅他的论文，授予了他法学博士学位，且聘他为法学教授。当时他的兴趣已转向哲学与数学，于是谢绝了法学教授的聘任，自由而专心地研究哲学和数学，终于和牛顿同时独立地创立了微积分，与牛顿形成英吉利海峡两岸双星辉映的灿烂数学文化。

莱布尼茨不仅对数学科学做出了划时代的贡献，而且对哲学、逻辑学、语言学、航海学和计算器具甚至历史学等方方面面都有重大成就。1673 年被选为英国皇家学会会员，1700 年被选为巴黎科学院院士，他是柏林科学院首任院长，普鲁士的腓特烈大帝称莱布尼茨说："此人本身就是一所科学院"，此言准确地表达了莱布尼茨学问之渊博和对科学发展贡献之巨大。

莱布尼茨的思想具有哲学家的气质，他研究数学时在思路和细节

莱布尼茨（Leibniz，德国，1646～1716）

上充满了哲学与逻辑的特色，而牛顿的气质则是物理学家类型的，牛顿研究数学的思路与细节更多的是借助于物理上的启发，这两种风格各有千秋，如果两者结合起来，则会更为完美。莱布尼茨主张用自然主义限制有神论，用合乎理性的哲学替代世俗的信仰与迷信大杂烩的“野蛮哲学”，即用理性替代愚昧和上帝，为科学发展争夺地盘。所以莱布尼茨只是半个基督徒，是披着宗教外衣反宗教的正派的科学家，甚至共产主义的创始人对莱布尼茨亦崇拜有加，1875 年 5 月 10 日，马克思给恩格斯的信中说："我是钦佩莱布尼茨的。"恩格斯指出："当时的社会活动都不得不采取神学的形式。"在当时宗教横行的德国，莱布尼茨内心深处是反对封建神学和经院哲学的，但必须打着与上帝妥协的旗号，他称上帝是最高的数学家，上帝是按数学规律来设计和安排宇宙的。

3.8 第二次数学危机

牛顿与莱布尼茨初创微积分时，有些基本概念和细节没来得及加以严格地定义和论证，微积分本来就是讨论无穷过程和极限过程的科学，与人们有史以来习惯了的初等数学有本质区别。从现代高等数学的教学经验来看，即使高等数学已经经过两三百年的改造与完备化，大学一年级的同学接受微积分的思想和概念仍然十分困难，对其中很多概念，例如导数概念，仍然存有类似拒绝和排斥的心理，更何况牛顿与莱布尼茨是破天荒第一次向世人表述微积分！

贝克莱（G. Berkely）是爱尔兰科克郡的地方主教（1734 年）、哲学家。他针对牛顿微积分中的一些不严格之处，发表了一本叫做《分析学家，或致一位不信神的数学家》（*The Analyst*，*or a Discourse Addressed to an Infidel Mathematician*，*London*，1734），"分析学家"的主要矛头对着牛顿，"不信神的数学家"则攻击哈雷和莱布尼茨。当然，贝克莱的非难也得到了不少人的支持，其中不乏有名的数学家，例如法国著名数学家罗尔和荷兰数学家纽文斯。罗尔就说过"微积分是巧妙的谬论的汇集"，但是罗尔本人在微积分上也做出了许多工作，例如作为微分学基本定理的罗尔定理。贝克莱对牛顿的许多批评还是切中要害的。

下面引用牛顿的手稿《流数简论》中的话（引自《数学珍宝》PP. 276～278，李文林主编，科学出版社，1998），看看当初牛顿在他的微积分中是如何使用"瞬"这个概念而引起贝克莱们的诘难的。

牛顿写道：

设有二物体 A 与 B 同时分别从 a，b 两点以速度 p 与 q 移动，所描画的线段为 x 与 y。若 A，B 作非匀速运动，A 从 a 点移动到 c，速度为 p 的 A 在某一瞬描画出无限小线段 $cd=p\times o$，B 在相同时刻从 b 点

移动至 g 点，在同一瞬内将描画线段 $gh=q\times o$（图 3-1）。

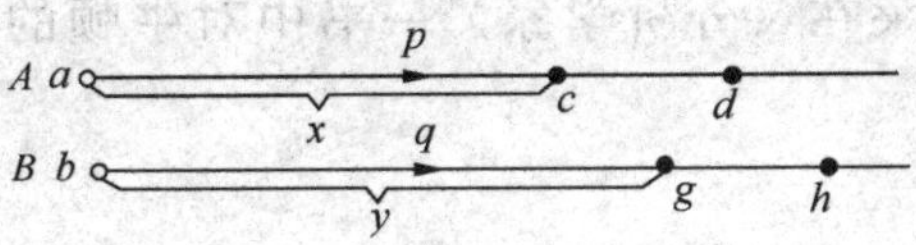

图 3-1

现设 x，y 之间的关系方程为

$$x^3-abx+a^3-dyy=0 \tag{3.7}$$

我们可用 $x+po$ 和 $y+qo$ 分别代替 x 与 y 代入（3.7）得

$$x^3+3poxx+3ppoox+p^3o^3-dyy-2dqoy$$
$$-dqqoo-abx-abpo+a^3=0 \tag{3.8}$$

由（3.7）得

$$3poxx+3ppoox+p^3o^3-2dqoy-dqqoo-abpo=0 \tag{3.9}$$

（3.9）除以 o 得

$$3px^2+3ppox+p^3oo-2dqy-dqqo-abp=0 \tag{3.10}$$

其中含 o 的项为无限小，略之即得

$$3pxx-abp-2dqy=0 \tag{3.11}$$

从现代微积分的观点来审视，（3.11）的结论是完全正确的，如果把 p 与 q 按牛顿当年的记号，分别写成 $\dot{x}$ 与 $\dot{y}$，则（3.11）变成

$$3x^2\dot{x}-ab\dot{x}-2\mathrm{d}y\dot{y}=0$$

再引用当年莱布尼茨的记号 $\dot{x}=\frac{\mathrm{d}x}{\mathrm{d}t}$，$\dot{y}=\frac{\mathrm{d}y}{\mathrm{d}t}$，则得

$$3x^2\frac{\mathrm{d}x}{\mathrm{d}t}-ab\frac{\mathrm{d}x}{\mathrm{d}t}-2\mathrm{d}y\frac{\mathrm{d}y}{\mathrm{d}t}=0,$$

为了不混淆，把（3.11）中的 d 改写成 c，则得

$$3x^2\mathrm{d}x-ab\mathrm{d}x-2cy\mathrm{d}y=0$$

$$(3x^2-ab)\,\mathrm{d}x-2cy\mathrm{d}y=0$$

$$\frac{\mathrm{d}y}{\mathrm{d}x}=\frac{3x^2-ab}{2cy} \tag{3.12}$$

（3.12）是现代常微分方程论中的一个一阶可分离变量的方程。可见微分方程，即含未知函数 y（x）与其导数（牛顿当时称为流数）的方程是牛顿创立微积分时同时产生的，微积分与微分方程是孪生姊妹，微分

方程这一数学中心学科的首创权亦应归于牛顿名下。

下面是贝克莱在《分析学家》一书中对牛顿的《流数简论》的批评。

贝大主教云：

“这种方法究竟是否清楚，是否没有矛盾且可以加以证明，或者相反，只是一种含糊的、令人反感的和靠不住的方法？我将以最公正的方式来提出这样的质疑，以便让你们，让每一位正直的读者做出自己的判断。”

贝克莱的这些质问的确事出有因，上面牛顿对瞬 o 没有数学定义，一会儿让它作除数，可见 o 不是零，一会儿把它忽略掉，又认为 o 为零，这里边似有需要澄清的矛盾和偷换假设之嫌。

由于运用牛顿-莱布尼茨的微积分方法总能得出正确结论，所以牛-莱坚信微积分是科学，必须反击贝克莱的攻击，发动微积分保卫战。牛顿、莱布尼茨等人纷纷著文还击贝克莱，无奈由于不能建立严密牢靠的基础，对“瞬”、“流数”等关键词给不出令人不可置疑的定义，所以未能及时驳倒贝克莱，这就是震惊数学界的第二次数学危机。

当然，真理是在牛顿们手里，挑战者贝克莱与第一次数学危机的挑战者希帕索斯不一样，贝氏是出于保守和宗教的偏见行事的，而不是为数学真理而争而论，希帕索斯则是数学上敢于与保守的学说决裂，锐意进取，为创立新的思想体系死不悔改的革新派，是企图跳出传统框架的“异教徒”。

经过柯西（Cauchy）、欧拉（Euler）、波尔察诺（Bolzano）、外尔斯特拉斯（Weierstrass）和黎曼（Riemann）等众多数学家的努力建设，修筑了微积分的坚实的基础，第二次数学危机才算彻底克服。

微积分的思想博大精深，例如无穷小和微商等，不仅牛顿、莱布尼茨时代，就是今日，也还是个值得细究的问题，它们究竟是实在的东西，还是一种观念，仍然可以讨论；事实上，一种数学概念，可能只是一种解决问题的手段或思维方法，这未必是唯心主义，数学当中莫非不能发明新技术或推理计算的艺术吗？

柯西（Cauchy，法国，1789～1857）

3.9 代牛顿圈改《流数简论》

（1）什么是瞬时速度

我们欲知一辆汽车上午8时的速度，司机告诉我们该车从8时到9时运行了40公里，这能断定8时的速度是每小时40公里吗？显然不敢如此武断。事实上，该车在一小时之内往往多次改变速度，甚至8时它还停在车站，速度为零。

外尔斯特拉斯（Weierstrass，德国，1815～1897）

瞬时速度是十分重要的，例如汽车肇事后交警关心的就是瞬时速度，即要调查该车出事时的即时速度，至于它在一小时内走了多远，并不是交警关心的事。

显然，如果测出 8 点零 1 秒时，汽车前行了 20 米，就说该汽车在 8 点的瞬时速度是每秒 20 米左右就可信多了，因为汽车的速度是连续变

黎曼（Riemann，德国，1826～1866）

化的，在1秒的时间内它来不及有太大的变化，可以用平均速度每秒20米来代替8点钟时的瞬时速度，而且，时间间隔越小，用平均速度代替瞬时速度越可信。设路程随时间的函数关系是 $f(t)$，欲知 t_0 时刻的瞬时速度，考虑下一时刻 $t_1 = t_0 + \Delta t$，Δt 是从 t_0 到 t_1 的"一瞬间"，则在从 t_0 到 t_1 的时间内的平均速度为$\frac{f(t_0+\Delta t)-f(t_0)}{\Delta t}$，而且 Δt 越小，这种平均速度越与 t_0 时刻的真实的瞬时速度接近，极而言之，$\Delta t \to 0$时，则极限值

$$\lim_{\Delta t \to 0} \frac{f(t_0+\Delta t)-f(t_0)}{\Delta t} \tag{3.13}$$

就是 t_0 时刻的速度了。(3.13）式的极限如果存在，则记成

$$\dot{f}(t_0) = \lim_{\Delta t \to 0} \frac{f(t_0+\Delta t)-f(t_0)}{\Delta t}$$

称 $\dot{f}(t_0)$ 为函数 $f(t)$ 在 $t=t_0$ 处的导数，也称其为微商，牛顿称之为“流数”，莱布尼茨用符号 $\frac{\mathrm{d}f(t_0)}{\mathrm{d}t}$ 来表示它。

(2) 变速运动的路程

设一物体的速度 $v(t)$ 随时间连续变化，问从 t_0 时刻到 t_1 时刻的路程是多少，记 $\Delta t=t_1-t_0$，设 $t=t'$ 时速度最小，则 $v(t')\Delta t$ 比欲求的路程少，设 $t=t''$ 时的速度最大，则 $v(t'')\Delta t$ 比欲求的路程多，于是可以找到一个时刻 $t=\xi\in[t', t'']$，使得 $v(\xi)\Delta t$ 恰为所求之路程。

(3) 牛顿《流数简论》中 (3.11) 式的推导

设 A 于 t_0 时刻到达 c 点，c 点的路程为 $x(t_0)$，t_1 时刻到达 d 点，d 点的路程为 $x(t_1)$，令 $t_1-t_0=\Delta t$，则

$$x(t_1)-x(t_0)=cd=p(\xi_1)\Delta t,\ \xi_1\in[t_0, t_1]$$

同理有

$$y(t_1)-y(t_0)=gh=q(\xi_2)\Delta t,\ \xi_2\in[t_0, t_1]$$

由于 $x^3(t)-abx(t)+a^3-\mathrm{d}'y^2(t)=0$ 得

$$x^3(t_i)-abx(t_i)+a^3-\mathrm{d}'y^2(t_i)=0,\ i=0, 1$$

$$[x(t_0)+p(\xi_1)\Delta t]^3-ab[x(t_0)+p(\xi_1)\Delta t]+a^3-\mathrm{d}'[y(t_0)+q(\xi_2)\Delta t]^2=0$$

$$3x^2(t_0)p(\xi_1)\Delta t+3x(t_0)p^2(\xi_1)\Delta t^2+p^3(\xi_1)\Delta t^3-abp(\xi_1)\Delta t-2\mathrm{d}'y(t_0)q(\xi_2)\Delta t-\mathrm{d}'q^2(\xi_2)\Delta t^2=0$$

由于 $\Delta t\neq 0$，上式除以 Δt 得

$$3x^2(t_0)p(\xi_1)+3x(t_0)p^2(\xi_1)\Delta t+p^3(\xi_1)\Delta t^2-abp(\xi_1)-2\mathrm{d}'y(t_0)q(\xi_2)-\mathrm{d}'q^2(\xi_2)\Delta t=0, \tag{3.14}$$

令 $\Delta t\to 0$，这时，$\xi_1\to t_0$，$\xi_2\to t_0$，于是对 (3.14) 式取 $\lim\limits_{\Delta t\to 0}$ 得

$$3x^2(t_0)p(t_0)-abp(t_0)-2\mathrm{d}'y(t_0)q(t_0)=0,$$

其中 $p(t_0)=\dot{x}(t_0)$，$q(t_0)=\dot{y}(t_0)$，再由 t_0 的任意性得

$$3x^2(t)\dot{x}(t)-ab\dot{x}(t)-2d'y(t)\dot{y}(t)=0。$$

$$\frac{\mathrm{d}y}{\mathrm{d}x}=\frac{3x^2-ab}{2\mathrm{d}'y(t)} \tag{3.15}$$

希尔伯特（Hilbert，德国，1862～1943）

3.10 皮囊悖论

1897年，康托尔指出："一个集合就是指我们察觉到的或在我们思维中的一些确定的、不同事物的总体；这些事物称为该集合的元素。"从此集合成了整个近代数学的基石，希尔伯特（Hilbert）对康托尔的集合论欢呼道："康托尔的集合论为我们创立了数学上最广泛、最有力的一个分支，一个没有人能把我们赶出去的天堂。"

仔细推敲上述关于集合的描述，我们察觉到，它不像一个严格的数学定义；事实上每个数学概念都要依赖于先于它而定义好的一些概念来定义，如果依此递推，追根溯源，必然有一批最简明最原始的概念，已经没有比它更原始的概念来定义它们，集合就是这种原始概念之一。这种朴素原始的集合概念，是在逻辑上惹事生非的根源之一。

按康托尔集合的概念，考虑 26 个英语字母组成的集合 Ω，由于 Ω 集合不是一个英语字母，所以 $\Omega \notin \Omega$，即有的集合不是自己的元素，这是容易接受和容易理解的现象。若考虑由含 25 个以上的元素组成的集合为元素组成的集合 Λ，例如 $\Omega \in \Lambda$；因为含 25 个以上元素的集合不止 25 个，所以 Λ 的元素个数也超过了 25 个，于是 $\Lambda \in \Lambda$。即按康托尔的观点，允许谈集合是自己的元素，存在 $A \in A$ 的现象，也有 $B \notin B$ 的现象，其中 A，B 是某些集合。由此，我们可以提出如下的悖论：

皮囊悖论：一个透明封闭的不可穿透的皮囊，里面装了一些元素，于是构成了一个集合 A，按康托尔的观点，如果 $A \in A$，则表明这个装了固定的一些元素的皮囊又装在自己里面！

3.11 整体等于其半

康托尔（Cantor），1845 年生于俄国彼得堡，丹麦—犹太血统，11 岁迁居德国，1863 年考入柏林大学，师从世界著名数学家维尔斯特拉斯，攻读数学，1867 年获数学博士学位，1879 年升任哈雷大学教授，集合论创始人。他的思想方法奇特而富于革命性，受同时代不少传统数学家的排挤，患精神分裂症，于 1918 年去世。康托尔在数学上创造极丰，科学家罗素称康托尔的业绩是"这个时代所能夸耀的最巨大的工作"。下面我们欣赏他的几个脍炙人口的重要成果。

数学奇人康托尔第一个提出并解答了自然数（正整数）多还是正偶数多的问题。19 世纪的数学家们觉得显然是自然数多，认为偶数与奇数各占自然数之半。康托尔一语惊人，他回答说，自然数与自然数集合中的偶数一样多！康托尔独创了"势"这一重要数学概念，你看两个集

康托尔（Cantor，德国，1845～1918）

合{1，3，5}与{2，4，6}，把它们两方的元素“配对儿”成三家：(1，2)，(3，4)，(5，6)，即这两个集合元素间能一一对应，恰反映了这两个集合元素个数一样多。于是对于不论有限集合还是无穷集合，当且仅当两者元素间能一一对应者，则称两者的“势”相等，或称两者元素一样多。可见自然数与其真子集——全体正偶数的个数一致；事实

欧几里得（古希腊，公元前 330～公元前 275）

上，双方可以如图 3-2 那样一一对应地配对。

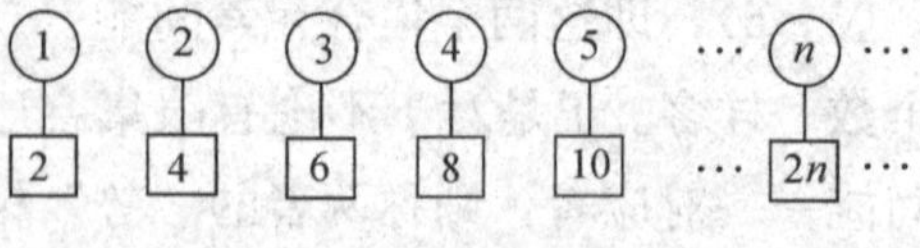

图 3-2

在有限集合中，真子集元素个数当然地要比原来集合的元素个数少，这正是“全体大于部分”的欧几里得第五公设，这已是几千年来人们根深蒂固的传统观念。自从康托尔捅了无穷集合这个马蜂窝，竟敢谈“整体等于其半”的不可理喻的事，一时间引起包括克罗内克（L. Kronecker）和庞加莱（H. Poincaré）等权威数学家的猛烈反对，但康托尔却终身不渝地捍卫着自己的学说。

3.12 神秘的康托尔尘集

把 [0，1] 区间三等分，弃中间的子区间 $\left(\frac{1}{3}, \frac{2}{3}\right)$，对于剩下的两个子区间再分别三等分弃中间的开区间，如此反复进行“弃中”操作，我们计算一下最后剩下的部分总计有多长，丢弃的部分总计有多长？设丢弃部分总长度为 l，则

$$
\begin{aligned}
l &= \frac{1}{3}+\frac{2}{3^2}+\frac{2^2}{3^3}+\cdots+\frac{2^{n-1}}{3^n}+\cdots \\
&= \frac{1}{3}\left[1+\frac{2}{3}+\left(\frac{2}{3}\right)^2+\cdots+\left(\frac{2}{3}\right)^{n-1}+\cdots\right] \\
&= \frac{1}{3}\left(\frac{1}{1-\frac{2}{3}}\right) \\
&= 1
\end{aligned}
$$

即丢弃部分之总长就是 [0，1] 区间的全长！剩下的点们占有的总长度为零，显然剩下的点是无穷多的，但由于这些残留的点占有的总长度为零，它们像尘埃似的散落在 [0，1] 区间上，所以称其为 Cantor 尘集。

下面我们“统计”一下这个尘集中的点有多少？即它们组成的集的势有多大。为此，我们从十进制、二进制和三进制小数的表示法谈起。

众所周知，一个小数 $a\in$ [0，1] 可以表成十进制形式

$$
\begin{aligned}
a &= 0.\alpha_1\alpha_2\cdots\alpha_n\cdots \\
&= \alpha_1\frac{1}{10}+\alpha_2\frac{1}{10^2}+\cdots+\alpha_n\frac{1}{10^n}+\cdots
\end{aligned}
$$

其中 $\alpha_i\in\{0, 1, 2, \cdots, 9\}$，$i=1, 2, \cdots$

同理 a 可表成二进制形式

$$a = 0.\beta_1\beta_2\cdots\beta_n\cdots$$
$$= \beta_1 \frac{1}{2} + \beta_2 \frac{1}{2^2} + \cdots + \beta_n \frac{1}{2^n} + \cdots$$

其中 $\beta_i \in \{0, 1\}$，$i=1, 2, \cdots$

a 可表成三进制形式

$$a = 0.\gamma_1\gamma_2\cdots\gamma_n\cdots$$
$$= \gamma_1 \frac{1}{3} + \gamma_2 \frac{1}{3^2} + \cdots + \gamma_n \frac{1}{3^n} + \cdots$$

其中 $\gamma_i = \{0, 1, 2\}$，$i=1, 2, \cdots$

例如造 Cantor 尘集时，第一次丢弃的区间在三进制之下为

$$\left(\frac{1}{3}, \frac{2}{3}\right) = (0.1, 0.2)$$

第二次丢弃的两个区间在三进制中为

$$\left(\frac{1}{9}, \frac{2}{9}\right) = (0.01, 0.02)$$

$$\left(\frac{7}{9}, \frac{8}{9}\right) = \left(\frac{2}{3} + \frac{1}{9}, \frac{2}{3} + \frac{2}{9}\right)$$
$$= (0.21, 0.22)$$

不难证实，第 n 次丢弃的区间在三进制中为

$$(0.\gamma_1\gamma_2\cdots\gamma_{n-1}1, 0.\gamma_1\gamma_2\cdots\gamma_{n-1}2)$$

其中 $\gamma_i \in \{0, 2\}$，$i=1, 2, \cdots, n-1$。说明在丢弃的开区间每点是形如 $0.\gamma_1\gamma_2\cdots\gamma_{n-1}1\gamma_{n+1}\cdots$ 的三进制小数。

考虑集合

$$X = \{x \mid x = \gamma_1 \frac{1}{3} + \gamma_2 \frac{1}{3^2} + \cdots$$
$$+ \gamma_n \frac{1}{3^n} + \cdots, \gamma_i \in \{0,2\}, i = 1,2,\cdots\}$$

显然 $X \subset [0, 1]$，令 Y 是造 Cantor 尘集时丢弃的区间中的点构成的集合，则 $X \cap Y = \varnothing$，所以 X 是 Cantor 尘集之子集。

若对于 $[0, 1]$ 中每个点 a，用二进制表达时

$$a = a_1 \frac{1}{2} + a_2 \frac{1}{2^2} + \cdots + a_n \frac{1}{2^n} + \cdots, a_i \in \{0,1\}$$

则可以写出一个三进制下的数 b 与之对应

$$b=2a_1\frac{1}{3}+2a_2\frac{1}{3^2}+\cdots+2a_n\frac{1}{3^n}+\cdots\in[0,1]$$
$$=b_1\frac{1}{3}+b_2\frac{1}{3^2}+\cdots+b_n\frac{1}{3^n}+\cdots$$

其中 $b_i\in\{0,2\}$，$i=1,2,\cdots$

反之，任给一个三进制小数

$$b=b_1\frac{1}{3}+b_2\frac{1}{3^2}+\cdots+b_n\frac{1}{3^n}+\cdots$$

其中 $b_i\in\{0,2\}$，则可写出一个二进制小数

$$a=a_1\frac{1}{2}+a_2\frac{1}{2^2}+\cdots+a_n\frac{1}{2^n}+\cdots$$

与之对应，其中 $a_i=\frac{1}{2}b_i$，$i=1,2,\cdots$

可见 X 与 $[0,1]$ 中的点一一对应，即 X 中的点与 $[0,1]$ 中的实数一样多，而 X 是 Cantor 尘集的子集，所以 Cantor 尘集中的点也不比 $[0,1]$ 中的实数的“个数”少，于是只能是 Cantor 集的元素个数（即势）与 $[0,1]$ 中的实数个数一致。

与我们的习惯思维似有矛盾：把 $[0,1]$ 区间挖得千疮百孔，丢弃的总长度和 $[0,1]$ 区间一样长，残余的点们占有的总长度仅为 0，0 就是没有呀！但是，这些残余点的个数竟和 $[0,1]$ 上全体点一样多，几乎全部区间都扔掉了，但论点的多寡，似乎像没有丢掉什么一样。

由此例可见康托尔此人思维之深邃，也使我们领会到，切不可把有限范围内的思维定势移植到无穷范围去照旧看待世界，无穷范围内是什么神出鬼没的事都可能发生的！

数学上，把与自然数集合 **N** 等势（即可以一一对应）的集合的“势”记成 a，把与 $[0,1]$ 等势的集合的势记成 c，康托尔把“势”又称“浓度”或“基数”，有限集合的基数就是其元素的个数，例如 $\{1,2,3\}$ 的基数是 3；但对无穷集合的基数，例如 a 或 c，就不是自然数了，康托尔把无穷集的基数叫做“超限基数”。

显然 $a<c$，一个尖锐的问题是：

（*）存在集合 X，使得 $a<b<c$ 吗？其中 b 是 X 的基数。

这里所谓势的大小是指：两集可一一对应时，说两者等势；两集不能一一对应时，若甲集与乙集的子集一一对应，则称甲的势比乙的势小。

（*）是现代数学当中十分之困难的一个问题，几乎难到令人绝望的程度，数学家称其为“连续统假设”（CH）感觉到这种集合 X 不存在，又无力证实，故称为“假设”。

3.13　理发师悖论与第三次数学危机

1919 年，科学家罗素提出如下的理发师悖论：

“村子里仅一名理发师，且村子里的男人都需要刮胡子，理发师约定：给且只给自己不给自己刮胡子的人刮胡子。”

有好事者问理发师：“理发师先生，你自己的胡子谁来刮？”

理发师无言以对。因为如果理发师说“我自己的胡子自己刮”，那么根据他与大家的约定，理发师不能给自己刮胡子的人刮胡子，即这时他不该给自己刮胡子；如果理发师说“我的胡子不自己刮”，那么根据他与大家的约定，理发师应给自己刮胡子。可见理发师怎么回答也不行！

上述理发师悖论可以稍微数学化地来表述，设集合

$$B=\{\text{自己刮胡子的人}\}$$

若理发师 $\in B$，即理发师是自己刮胡子的人，但由“约定”，他不该给理发师刮胡子，即理发师 $\notin B$，矛盾！若理发师 $\notin B$，即理发师不自己刮胡子，由“约定”，他应给自己刮胡子，即理发师 $\in B$，矛盾！

罗素进一步把上述理发师悖论变成下面的一个数学悖论，称为罗素悖论：

“设 $B=\{\text{集合 } A \mid A\notin A\}$，问 $B\in B$ 还是 $B\notin B$？”

显然 $B\neq\varnothing$；若 $B\in B$，由 B 的定义，由 B 是 B 中一元素，B 应有性质 $B\notin B$，矛盾！若 $B\notin B$，由 B 的定义，$B\in B$，矛盾！于是这里发生了无论如何摆脱不了矛盾的荒唐局面！

在罗素表述悖论时，字字句句都未违反康托尔朴素集合论的观点，为什么出现了自相矛盾的事呢？要害是允许写 $B\in B$，即谈某些集合自己是自己的元素，亦即允许我们前面提出的“皮囊悖论”的存在；为了

排除罗素悖论，保卫已建成的数学大厦，数学家策墨罗（Zermelo）、弗兰克尔（Fraenkel）等抛出一套所谓公理集合论的公理系统，按他们的公理规定，禁谈 $B\in B$，从而解除了第三次数学危机。

第三次数学危机出现的前夕，数学界一派升平乐观气氛，1900年，庞加莱在第二次国际数学家大会上自信而兴奋地宣称："我们可以说，现在的数学已经达到了绝对的严格。"过不了几年，罗素悖论犹如晴天霹雳，使数学界一片哗然，希尔伯特惊呼："在数学这个号称可靠性与真理性的模范里，每个人所学、所教、所用的概念及结构和推理方法，竟导出不合理结果；如果数学思考也失灵的话，那么我们到哪里去找可靠性和真理性呢?"

第一次、第二次和第三次数学危机的出现和排除使数学家们对数学的认识更为清醒了，人们有了思想准备，也许还有第四次、第五次数学危机乃至第 n 次（$n\geqslant3$）；但似可相信，人类有能力排除任何数学危机，而且，每次数学危机爆发之日，就是新的数学概念、新的数学理论孕育之时，随着危机的排除，数学则会得到划时代的进展与突破。

3.14 悖论欣赏

前面我们见识了罗素的理发师悖论、集合论中的罗素悖论和皮囊悖论，我们看到，悖论不是谬论，它虽然也令人感到别扭和不妥，但从它所在的理论体系之内，并不能指出其错误的成因，却能从悖论推导出自相矛盾的结论，为排除悖论，必须增补改造生出悖论的原理论体系。

生活中和数学上还有不少精彩的悖论，下面列举一批，供读者欣赏与分析。

(1) 说谎者悖论

一个克里特人说："我说这句话时正在说谎。"然后这个克里特人问听众他上面说的是真话还是假话?

这个悖论出自公元前六世纪希腊的克里特人伊壁孟德，使得希腊人对上述问题大伤脑筋，连西方的圣经《新约》也引用过这一悖论。

事实上，若回答这个克里特人说，他这句话是说的真话，那么他"正在说谎"，矛盾；如果回答这个克里特人说，他这句话是假话，即他所称"正在说谎"是假的，那么他正在说真话，又矛盾!

可见对这位克里特人的“我说这句话时正在说谎”不可判其真亦不可判其伪。

(2) 柏拉图与苏格拉底悖论

柏拉图是苏格拉底的学生，他们都是公元前400年左右的科学家和哲学家，柏拉图（公元前427～369）被誉为那个时代最有学问的人，两位都热心于数学，欧几里得就是柏拉图的门生。柏拉图于公元前387年创建希腊雅典学院，大学门口有一横匾，上书：“不懂几何者不得入内”。这所大学一直开办了900年，于公元529年被罗马王以“异端邪说”的罪名查封，实为人类史上反动统治者仇恨科学破坏科学的先河。柏拉图的名著《理想国》（共和国）深刻阐述了他的政治与科学主张。书中有言：“我们竭力奉劝我国未来的主人翁学习算术，为了灵魂本身去学。”柏拉图的门生对数学做出了重大贡献，例如欧几里得的《几何原本》。

下面是苏格拉底与柏拉图师生的一段对白：

柏拉图调侃他的老师，曰：“苏格拉底老师下面的话是假话。”

苏格拉底对曰：“柏拉图上面的话是对的。”

若问柏拉图、苏格拉底二人的话是真话还是假话，你该怎样判断呢？

如果柏拉图的那句话是真话，即苏格拉底下面的话当真是假话，于是“柏拉图上面的话是对的”为假话，即柏拉图上面那句话是假话，与假设“柏拉图的那句话是真话”矛盾；如果柏拉图的那句话是假话，即苏格拉底下面的话是真话，于是“柏拉图上面的话是对的”为真话，即柏拉图上面那句话是真话，与假设“柏拉图那句话是假话”矛盾。于是不管说柏拉图说的那句话是真是假都说不通。

同理可以推导出，不论假设苏格拉底的话是真是假，都会引起矛盾。

(3) 鸡蛋悖论

先有鸡还是先有蛋？

(4) 书名悖论

美国数学家斯缪灵（Smullyan）写了一部标题为《这本书的书名是什么》的书。

问：斯缪灵的这本书的书名是什么？

(5) 印度父女悖论

早上女儿在卡片上写道："今日下午三时之前，您将写一个'不'字在此卡片上。"随即女儿要求父亲判断她在卡片上写的事是否会发生；若判断会发生，则在卡片上写"是"，否则写"不"。

问：父亲写"是"还是写"不"？

(6) 意外考试悖论

教授宣布："下周某日进行一次'意料之外的'考试，但你们不可能事前推测出考试在哪一天进行。"

学生不服气，说："我们推断考试不会在星期五进行，因为星期六和星期日是双休日，不会进行考试，如果在星期五考试，则下周星期四那天晚上我们就可以推测出来了，于是您的考试只能在星期一到星期四某天进行，但不能在星期四进行，不然我们在下周星期三就可以推测出来，依此类推，所以您所说的考试不会进行，纯属吓唬人。"

问：学生的论证成立吗？

事实上，考试可以在下周五进行，学生们意料之中推断的事是星期五不能考试，结果老师偏偏星期五来考，不正是意料之外的考试吗！所以学生的论证不成立。

前面的鸡蛋悖论、书名悖论与父女悖论请读者自行分析。下面举出几个数学含量高的悖论。

(7) 蠕虫悖论

一只蠕虫从一米长的橡皮绳之一端以每秒 1 厘米的速度爬向另一端，橡皮绳同时均匀地以每秒伸长 1 米的速度向同方向延伸，蠕虫会爬到另一端吗？蠕虫每前进 1 厘米，同时另一端却拉远了 1 米，近不抵疏，怕是永远爬不到头了！

算算看：

第 1 秒，虫子爬了绳子的$\frac{1}{100}$

第 2 秒，虫子爬了绳子的$\frac{1}{200}$

……

第 n 秒，虫子爬了绳子的$\frac{1}{n\times 100}$

前 2^k 秒虫子爬的总路程占绳子全长的比例为

$$\frac{1}{100}\left(1+\frac{1}{2}+\frac{1}{3}+\cdots+\frac{1}{2^k}\right)$$

而

$$\begin{aligned}&1+\frac{1}{2}+\frac{1}{3}+\cdots+\frac{1}{2^k}\\&=\left(1+\frac{1}{2}\right)+\left(\frac{1}{3}+\frac{1}{4}\right)+\left(\frac{1}{5}+\frac{1}{6}+\frac{1}{7}+\frac{1}{8}\right)+\cdots\\&\quad+\left(\frac{1}{2^{k-1}+1}+\frac{1}{2^{k-1}+2}+\cdots+\frac{1}{2^k}\right)>1+\frac{1}{2}+\left(\frac{1}{4}+\frac{1}{4}\right)\\&\quad+\left(\frac{1}{8}+\frac{1}{8}+\frac{1}{8}+\frac{1}{8}\right)+\cdots+\underbrace{\left(\frac{1}{2^k}+\frac{1}{2^k}+\cdots+\frac{1}{2^k}\right)}_{2^{k-1}\text{项}}\\&=1+\underbrace{\frac{1}{2}+\frac{1}{2}+\cdots+\frac{1}{2}}_{k\text{项}}=1+\frac{k}{2}\end{aligned}$$

当 $k=198$ 时，$1+\frac{k}{2}=100$，于是

$$\frac{1}{100}\left(1+\frac{1}{2}+\frac{1}{4}+\cdots+\frac{1}{2^{198}}\right)>1$$

所以不超过 2^{198} 秒，小虫可爬到另一端。

这一悖论是直觉骗人所致。

(8) 自然语言表达数学的悖论

先看几个用自然语言表达数学概念的例子。

①第 100000000 个素数。

①虽然未能构造性地给出第亿个素数是几，但这一描述确实唯一确定地是指出了那个素数。

②12345678910 的平方。

②明确无误地定义了一个整数值。

③比 π^{100} 大的最小整数。

③定义了一个自然数。

①②③中使用的语言是汉字、阿拉伯数字和希腊字母等人类的自然

语言；我们称每个汉字、外文字母和阿拉伯数字为“自然字”，于是①②③中的自然字不超过 100 个，即①②③用不超过 100 个自然字分别定义了一个自然数。

语言悖论：n_0 是用不超过 25 个自然字不能定义的最小正整数。

数一数上述 n_0 定义中的自然字只有 23 个，没有超过 25 个，即用不超过 25 个自然字即定义了 n_0，与 n_0 是用不超过 25 个自然字不能定义相矛盾。

这个悖论的发生机制是用自然字定义时的字数如何确定无严格界定的标准，另外什么叫做“不能定义”也含义模糊。

(9) 异性悖论

两辆大轿车上都乘 60 名乘客，甲车上皆男士，乙车上皆女士（不考虑司机），后来甲车上有 30 名男士转上乙车，之后从乙车上下来 30 名乘客，不知其中几男几女，上了甲车，问两车哪辆异性多？

若不假思索，可能认为乙车开始时从甲车来了 30 个异性，后来转入甲车的异性却不一定是 30 个女士，所以乙车的异性多，至少不少于甲车。其实这是一种思维单向性的误导。事实上，最后两车上的异性一样多。这个有趣的结果，相信读者认真起来，经过一番逻辑推导即可证明。

(10) 抛球悖论

甲用$\frac{1}{2}''$把球抛给乙，乙随即用$\frac{1}{4}''$把球抛给甲，甲随即用$\frac{1}{8}''$把球抛给乙，如此往返抛掷，以至无穷次抛球，最后球落谁手？

算一算球运动的总时间为

$$T=\frac{1}{2}+\frac{1}{4}+\frac{1}{8}+\cdots+\frac{1}{2^n}+\cdots$$

$$=\frac{\frac{1}{2}}{1-\frac{1}{2}}=1(\text{秒})$$

即球 $1''$后即停止了。

既然 $1''$后球停止了，停在哪里呢?!

(11) 芝诺悖论

芝诺（Zeno）说：“运动不存在。”他的证明如下：如果一物从 A

点直线运动到 B 点，则它到 B 之前必须经过 AB 线段中点 C_1 至少一次；同时，它必须经过 AC_1 中点 C_2 至少一次，如此递推，它必须经无穷个点 C_1，C_2，…，C_n，……每到 C 字号点一次，都需耗用一定的时间，于是它永远到不了 B 点，所以一物永远不会从 A 运动到 B，即物不能运动。

芝诺的谎话骗不了三岁儿童，因为到处都有运动着的物体。

从数学上看，无穷段时间之和未必是无限的，例如上面的抛球时间是 1″，但可抛无穷次。

(12) 龟兔悖论

乌龟对兔子说："你不要想追上我，我现在在你前方 1 米，虽然你的速度是我的百倍，但等你追到我现在的地点，我又向前爬了 1 厘米到 C_1 点，等你追到 C_1 点，我已爬到距你$\frac{1}{100}$厘米的 C_2 点，如此下去，你总在 C_i 点，我却在你前方 C_{i+1}点。"兔子不服气，可又说不过乌龟。实际上，如果真比赛起来，用不了 1″，兔子已跑到乌龟前面去了。

请读者做兔子的辩护人。

(13) 选举悖论

A，B，C 竞选，民意测验表明：有$\frac{2}{3}$的选民愿选 A 而不愿选 B，有$\frac{2}{3}$的选民愿选 B 而不愿选 C。于是 A 说："根据$\frac{2}{3}$的选民保我而反 B，$\frac{2}{3}$的选民保 B 而反 C，说明我优于 B，B 优于 C，于是我优于 C，从而我最优，应选我。"C 不服，反唇相讥道："那$\frac{2}{3}$保 A 反 B 之外的$\frac{1}{3}$选民反 A 而保 C，那$\frac{2}{3}$保 B 而反 C 的选民之外$\frac{1}{3}$的选民反 A 而保 C，则形成$\frac{2}{3}$的选民保 C 而反 A，按您的逻辑，我亦优于您，您又优于 B，我 C 最优，应选我。"B 接着说："按你们的说法，B 优于 C，C 优于 A，则 B 优于 A，即我亦最优，应选我。"

这种民意测验能说明什么呢？

上述悖论最初出自肯尼思·阿罗（K. Arrow）之手，阿罗于 1972

年获诺贝尔经济学奖，1951 年他给出关于民主选举的所谓选举公理，以求得选举的公平合理，避免发生独裁者从中操纵选举的可恶问题。后来他又证明出一条定理，指出不存在满足 Arrow 公理的十全十美的民主选举。

欲深究“选举数学”的读者可阅读《数学模型基础》（王树和著，中国科学技术大学出版社，1996）。

（14）广义芝诺悖论

一只飞虫在两骑自行车者之间来回飞行，自行车相对而行，两车匀速，皆每小时 2 公里，开始相距 1 公里，当两车在中途相遇时，飞虫飞向哪一边？它共飞行了多少公里？

这个问题如果考虑飞虫不停折返，则计算它的飞行里程比较复杂，事实上，设飞虫飞速为 v_0，则它共飞行了 $\frac{1}{4}v_0$ 公里，因为两车运行时间与飞虫的飞行时间都是 1 刻钟。至于飞虫在两车相遇时飞向何方，则与（10）中的抛球悖论相似。

更有趣的是该悖论的逆问题：两自行车及一飞虫从相距为 1 公里的 A，B 之中间 C 出发，两车相背匀速行驶，速度为每小时 2 公里，虫在两车间不停地匀速往返，问两车到达 A 与 B 点时，虫在何处？

答案出乎我们的直觉之外，竟是：飞虫可以在两车之间的任何一点。事实上，若把飞虫放在 A，B 间任一点，两车分别从 A，B 两点相对而行，结果两车及飞虫同时于 A，B 中点 C 会合，所以其逆过程则是两车行至 A 与 B 时，虫可飞至 A、B 间任一点处。这一答案真是不可思议！正如科学家普里斯特所说：“悖论中充满着令人惊奇的内容，”这位年轻的数理逻辑专家 1979 年号召：“应当接受悖论，学会与悖论好好相处。”1930 年，哲学家维根斯坦口出狂言：“我敢预言，总会有一天，出现包含着矛盾的数学研究，人们将会真正感到自豪，因为他们把自己从协调性的束缚中解放出来。”本书作者认为维根斯坦的话似有道理，不可全信，也不可全不信。

悖论不是坏东西，你看悖论是多么生动、恢谐和令人机智、聪明地进行思考；而某些重要悖论的出现，恰为科学进步，新概念诞生的接生婆；悖论不但有趣，而且悖论有用。

3.15 哥德尔抖出了数学的家丑

库尔特·哥德尔（Kurt Gödel），1906 年生于奥地利布吕恩城的一个富裕家庭，父母皆受过高等教育，哥哥是医学博士。他 1924 年考入维也纳大学，学习理论物理专业，后参加“维也纳小组”，这一“小组”是一群天才的年轻数学家的学术团体。他 1930 年获哲学博士学位。1942 年结识爱因斯坦，从此两人成为知心朋友直至 1955 年爱因斯坦去世。他 1951 年获耶鲁大学荣誉博士学位和首届爱因斯坦奖金，大科学家冯·诺依曼发表贺词称哥德尔的工作是“巨型陆标”；哥德尔 1952 年获哈佛大学荣誉博士学位，1955 年当选美国科学院院士，1975 年获福特总统颁发的国家科学勋章。1978 年 1 月 14 日与世长辞，死因是“营养不良和食物不足”。代表作是 1931 年在《月刊》杂志上发表的《论“数学原理”及有关系统中的不可判定命题》，该文被誉为“20 世纪最有意义的数学真理”。

哥德尔的不可判定命题向数学基础进行了严肃的挑战。一个命题就是一种判断，不论是否已经知道它的真假，总是或真或假，二者必居其一，例如：

①台湾是中国的领土。

②秦始皇是 20 世纪的中国皇帝。

①②都是命题。

假命题是不可证的。

如果不考虑真假，若 A 是一个命题，则“A 不可证”也是一个命题。

下面是著名的“哥德尔命题”：

$$A\text{：“}A\text{ 不可证”。}$$

哥德尔说，他考虑的这个命题与说谎者悖论存在相似之处。

A 的否定命题记成“$\neg A$”，$\neg A$ 读成非 A。

下面证明哥德尔命题 A 与其否定命题 $\neg A$ 皆不可证明。

(1) A 真

事实上，若 A 假，即“A 不可证”为假，于是 A 可证，从而 A 假且 A 可证，此与假命题不可证矛盾，所以 A 真。

(2) A 不可证

若 A 可证，则“A 不可证”为假，于是 A 假，与（1）中得到的 A 真相违，所以 A 不可证。

(3) $\urcorner A$ 不可证

由（1）知 A 真，于是 $\urcorner A$ 是假的，所以 $\urcorner A$ 不可证。

由（2）与（3）知 A 与 $\urcorner A$ 同时不可证。即对于命题 A，其真假不可判定！

到 20 世纪 30 年代，数学家克服了数学中已知的危机，巩固了数学的基础，建立了丰功伟绩，涌现出大量的新理论，解决了一大批十分困难的数学问题，数学界一派乐观情绪，甚至认为凡能用数学语言明确提出的问题，都必须而且能够严格地加以证明或证伪，谁也没想到会存在不能证其真也不能证其伪的命题。大数学家希尔伯特 1930 年发表《数学的基础》一文，提出数学史上闻名于世的“希尔伯特纲领”，其要点有二：一是证明形式化（建立公理系统，使用形式（符号）语言）之后，一切数学系统内的定理都是可证的；二是证明形式化之后，数学系统是完备的，即一切数学真理都将是这个形式系统的定理。

哥德尔的不可判定命题宣判了希尔伯特纲领的破产。

古今中外，多少平凡的人和伟大的人物，都赞不绝口地歌颂着数学的完美、严谨和和谐，高斯说：“数学是科学的皇后”，伦尼叶则夸奖“美是数学的一个基本特征，数学真理永远是美丽的，而美的东西总是真的。”哥德尔深刻，哥德尔古怪，他并不因为自己是数学家而沾沾自喜于数学光明的一面，他揭露了数学不完备性的阴暗面，抖出了数学的家丑，明确了数学的确定性不是不能丧失的！

一部充满了光辉成就的数学史，同时也是一部数学灾难史，悖论和危机此伏彼起，矛盾和难题层出不穷，其中有的可以克服，有的则不可克服！数学是美丽的，数学是丑陋的，它的丑与美都值得我们学习，都值得我们欣赏。

04 思想篇

不确定性确实使矛盾出现并且必须得以解决。至今已有25个世纪之久，数学家们一直在改正他们的错误，并且看到了这门科学欣欣向荣，使他们对未来充满希望。

——布尔巴基（Nicolas Bourbaki，现代法国数学学派）

4.1 从秃头悖论谈起

一位已经谢顶的老教授与他的学生争论他是否为秃头的问题。

教授："我是秃头吗?"

学生："您的头顶上已经没有多少头发，对不起，确实应该说是。"

教授："你秀发稠密，绝对不算秃头，问你，如果你头上脱落了一根头发之后，能说变成了秃头吗?"

学生："我减少一根头发之后，当然不会变成秃头。"

教授："好了，总结我们的讨论，得出下面的命题：

'如果一个人不是秃头，那么他减少一根头发仍不是秃头，'你说对吗?"

学生："对!"

教授："我年轻时代也和你一样满头秀发，当时没有人说我秃头，后来随年事的增高，头发一根根减少到今天这个样子。但是每掉一根头发，根据我们刚才得到的命题，我都不应称为秃头，这样经有限次头发的减少，用这一命题有限次，结论是：

我今日仍不是秃头。”

学生笑而无语，教授把他故意的诡辩称之为“秃头悖论”，并向学生讲授起模糊数学的理论和应用。

至今模糊数学已经发展成一门不但充满哲理、趣味盎然，而且应用极广的数学分支。

事实上，宇宙间的事物并不总是非此即彼，世界上的人并不总是“不是我们的朋友，就是我们的敌人”，我们的立场也并非“凡是敌人拥护的我们就要反对，凡是敌人反对的我们就要拥护”。日常生活当中，有众多模糊的说法，诸如“大个子”，“小青年”，“水不深”，“天气不冷”，等等，更有甚者，例如病毒，它既没有细胞核又无细胞壁，你说它是生物还是非生物?！又例如牡蛎，泥里筑窝，水中游戏，大量繁衍后代，有性生殖，但牡蛎的性别却随年龄与季节的变化，使得雌雄有别的“天理”变得十分模糊！1965 年以前，数学界对种种模糊现象故意视而不见，按经典的确定性数学的理论和方法，对这些“讨厌的”模糊对象，既无法推理，也不好计算，不采取视而不见的态度又能怎么办呢?！例如从集合论的观点，一个元素或属于给定的集合 A 或不属于这一集合 A，二者只能发生其一。如果用所谓集合 A 的特征函数来表示，则有

$$\mu_A(x)=\begin{cases}1, & \text{当 } x\in A\\ 0, & \text{当 } x\notin A\end{cases}$$

用这种方式来解决秃头问题，怎么回答“教授是否属于秃头集合”呢！

1965 年，加利福尼亚大学控制论专家 L. A. 查德（L. A. Zadeh）首次提出模糊集合的概念，开辟了对模糊事物的数学研究，诞生了一个新的数学分支——模糊数学。

以“老年集合”和“年轻集合”为例，分别记之为 $\underset{\sim}{O}$ 和 $\underset{\sim}{Y}$，下面画～表示是模糊集合，只能谈某人属于 $\underset{\sim}{O}$ 或 $\underset{\sim}{Y}$ 的隶属程度是多少，而不是说 55 岁的人到底是属于 $\underset{\sim}{O}$ 还是 $\underset{\sim}{Y}$。与确定性集合的特征函数相对应地，对于模糊集合，则定义隶属函数；特征函数只有 0 与 1 两个值，0 表示否，1 表示是，而隶属函数则可以取遍［0，1］区间的一

切值，例如 $\underset{\sim}{O}$ 与 $\underset{\sim}{Y}$ 的隶属函数分别为

$$\mu_{\underset{\sim}{O}}(x)=\begin{cases}0, & 0\leqslant x\leqslant 50\\ \left[1+\left(\dfrac{x-50}{5}\right)^{-2}\right]^{-1}, & 50<x\leqslant 100\end{cases}$$

$\mu_{\underset{\sim}{O}}(x)$ 的图像如图 4-1。

$$\mu_{\underset{\sim}{Y}}(x)=\begin{cases}1, & 0\leqslant x\leqslant 25\\ \left[1+\left(\dfrac{x-25}{5}\right)^{2}\right]^{-1}, & 25<x\leqslant 100\end{cases}$$

$\mu_{\underset{\sim}{Y}}(x)$ 的图像如图 4-2。

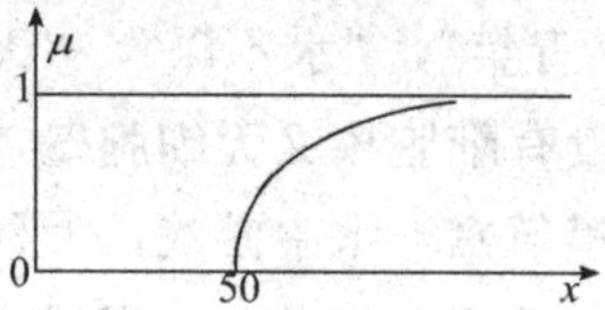

图 4-1

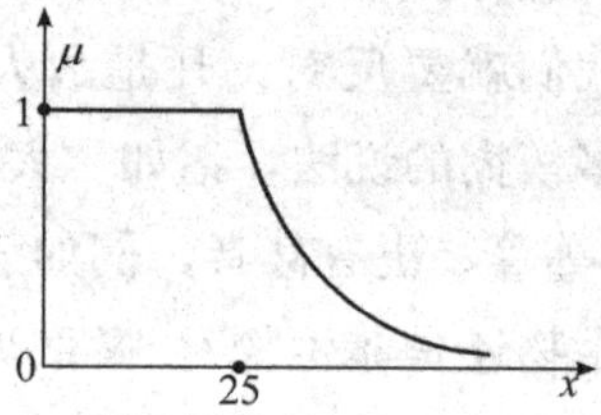

图 4-2

例如 60 岁的人，$\mu_{\underset{\sim}{Y}}(60)=0.02$，他只有 2% 的可能隶属于年轻人集合，这是合情合理的一种定量。事实上，60 岁的人绝大多数已是衰老多病，不能称得起年轻了，但也有极少数 60 岁的人，或因遗传因素，或因自身的健康情况与心理因素，仍然活力实足，其身体的实际水平远高于同龄人。

运用模糊集合的思想，可以处理各种模糊现象，建立模糊数学模型，进行定量或定性的数学分析。

在不确定性的模糊现象的背景下，孕育了生气勃勃的模糊数学。而完全没有实际背景，由数学家凭空制造的一些数学概念有可能没有生命力。

在应用研究当中，模糊数学的思想与方法已经广泛渗透到物理、化学、生物、医学、心理、气象、管理、经济、控制等众多领域，并取得了丰硕成果。

当实际模型不能用已有的数学方法来对付时，应当考虑建立新的数学概念乃至新的数学分支，模糊数学的创立就是这方面的模范。

4.2 数学内容是发现的还是发明的

关于数学内容是发现还是发明的争论由来已久，这个问题不仅反映数学家们对他们工作成果的看法，而且也反映出数学是否具有真理性这样一个极严肃的问题。

“发现派”认为数学家通过正确的逻辑推理得出的结论和物质现实同样可靠，数学概念和定理不是他们自己创造的，而是大自然固有的规律性的反映，例如正整数，绝不是古希腊数学家丰富想像力的结果，而是从人类经验中总结出来的，整数概念及其运算性质的建立犹如天文学家发现行星及其运行规律一样。

发现派的观点未免过分“唯物”，太绝对化了，他们的观点之中有正确的一面，但是，事实上数学家们也确实发明过不少自然界并不存在的数学概念与方法，例如$\sqrt{-1}$，复数，四维空间，以及各种运算技巧。

应该说，数学的主体部分是由数学家发现的，工具性部分是发明的，犹如木工发现木材可以造舟，而鲁班则发明了锯。木材及其性质是被发现的，木工的工具和制作木器的技术则是发明的。

本书中谈过的混沌和图是发现的。而用二进制小数研究混沌和图论中求生成树的算法或五色定理的证明方法则纯属发明。

“发明派”认为数学整个都是人类大脑的产物，是纯思维。数学中人类凭思维创造的内容究竟有多少？如何鉴别哪些内容是发明的？这倒是值得考查的问题。至于说数学内容皆为人类之发明，则不符合实际，例如“勾三股四弦五”的事实绝不是哪位聪明人想出来的，而是“看得到量得出”而被发现的，进而证明了一般形式的勾股定理。勾股定理是发现的，而其证明是发明的，人们发明设计了多种勾股定理的证明方法。罗巴切夫斯基公理是数学发明中最突出的事件之一，事实上，谁也没有发现过直线外一点可以引两条直线与原来那条直线平行，只是由于大家怎么也证明不了欧几里得的第五公设，才硬是反其道而言之，用与第五公设相反的一条公理来替代第五公设，于是发明了罗巴切夫斯基几何学。至于非欧几何有用，倒不能说明非欧几何不是发明，例如锯有用，但锯确为人类之发明一样。

在现代数学当中，发明十分重要，设想没有微积分的发明，很多面积和体积就无法算出，对已发明的数学工具之研究和运用，是数学工作的主要内容之一。而且针对一些实际问题和理论研究的需求，还应再发明新的更为有力的数学工具。

发现新的数学领域则具有头等重要的意义，例如 20 世纪后半叶，数学物理工作者发现的混沌、分形、突变论、模糊数学、NPC 问题，等等，成了当今数学与计算机科学的中心内容。

一个好的数学家要发现发明两种才干兼而有之，要能发现数学世界的新大陆，又要成为如何开拓耕耘发现的新土地的能人。

发现靠经验，发明靠聪明，数学规律是天地与人间的真理，不但要对数学有全面的掌握，而且要对自然界和人类社会的现象感兴趣的数学家才可能发现有生命力的新数学。另外，有足够天分与聪明的数学家不断发明新的数学方法，使数学科学更巧妙，更艺术，更美，更好用。

4.3 应用数学是坏数学吗

有不少不小的数学家宣称数学是艺术。例如英国数论专家 G. 哈代（G. H. Hardy，1877～1947）就是主张数学家为“艺术而艺术”的代表人物之一。他认为数学的本质是艺术性，他说：“那些死后受人怀念的伟大数学家与任何大大小小的艺术家的贡献比起来，只有大小之分，没有本质差别。”“美观是评价模型的标准”，美是“第一个考验，世界上没有丑恶数学的永久地位”。美国的代数学家 P. 哈尔莫斯也持有与哈代相似的观点，他说：“不可否认，我认为数学的大部分之所以受尊敬和爱慕的原因，不外乎是它有趣。我喜欢凡事都是为它本身而去做的看法，数学是人类精神的光辉创造，即使没有任何实际应用，也值得生存下去，难道这样说真的会有什么大错吗？”

请注意，哈代和哈尔莫斯都是当代大数学家，他们对数学的贡献之大，为人之典范，都是我们学习的榜样，他们在世界科学界受到极高的尊敬，但他俩的这种数学思想却未必全面确切。事实上，数学就是数学，它不是别的什么，它的全名叫做数学科学，它有文化和艺术性的表现，但它只是科学，不是艺术。

哈代厌恶的所谓“丑恶数学”，指的是有实际应用价值的数学内容，他说：“数学很少有实用价值，而有用的很小的一部分却比较乏味。数学定理的严肃性不在于它的实用效果，实用效果是无关紧要的。”他又说有用处的数学“是颇为死板的，真正的数学家的真正数学几乎是完全无用的，不管是‘应用数学’还是纯数学，都是如此，真正职业数学家的一生是不可能靠其工作的‘实用性’来评价的”。

这种贬低甚至抵制应用的观点显然是不能接受的。非线性物理中的混沌现象存在的奇形怪状美丽动人的奇怪不变集，难道不是数学家的美好作品吗？看不出它有多么丑恶。

历史上，有更多的大数学家反对“为艺术而艺术”从事数学工作，这些人的观点则是正确的。

例如著名数学家庞加莱认为数学有三重目的，首先是必须为自然研究提供工具，其次是它的哲学目的，最后才是艺术上的好感。

沃尔夫（Wolf）奖获得者、美国著名数学家拉克斯（P. Lax）说得对：“今天，我们可以毫无顾忌地说，纯粹数学的浪潮已经逆转，在不太久远的过去，如果一位数学家说‘应用数学是坏数学’，或者说‘最好的应用数学是纯粹数学’，他会得到别人的赞同和欢迎，但今天，如果有人这么说，他就会被人们视为愚昧无知。”

匈牙利著名数学家冯·诺依曼说：“一门数学科学脱离它的经验源泉太远之后或者经过太多的‘抽象配种’，它就有退化的危险。”

19 世纪俄国最杰出的数学家契比雪夫（Chebyshev）则一针见血地批评那些轻视数学应用的数学家说：“使数学脱离实际需要，就好比把母牛关起来不让她接触公牛。”

自然界和人类社会当中的实际问题的定量或定性的研究与解决，是数学的最重要的起源与目标，应用数学并非坏数学。

4.4 数学定理为什么必须证明

当年意大利科学家伽利略在比萨斜塔上做自由落体实验，经若干次重复实验，发现从塔顶落下的石子落地的时间总是相等的，且有规律 $h=\frac{1}{2}\times 9.8\times t^2$，其中 h 是塔高，t 是时间，单位是米和秒，于是就宣布了自由落体的物理定律，作为实验科学的物理学和化学等自然科学，都承认可以重复做出的结果为其科学结论。数学呢？数学当然也可以重

复实验，例如

4＝2＋2，6＝3＋3，8＝3＋5，10＝5＋5，12＝5＋7，14＝7＋7，16＝5＋11，18＝7＋11，……这种把偶数拆分成两个素数之和的实验可以做成功很多次，如果按物理学家们的规矩，早就可以宣布哥德巴赫猜想是真理了，然而数学不是物理，数学有自己这一行的规矩，那就是一切数学定理都必须经过严格的数学证明才算数。这种规矩是保护数学健康成长的法规，不遵守它，数学科学就要遭殃！例如，1640 年数学家费马经反复实验猜想 $F_n=2^{2^n}+1$ 是素数，实验结果如下

$$F_0=2^{2^0}+1=3,\quad F_1=2^{2^1}+1=5,$$
$$F_2=2^{2^2}+1=17,\quad F_3=2^{2^3}+1=257,$$
$$F_4=2^{2^4}+1=65537$$

反复多次实验，都使得猜想成立，这时敢宣布此猜想是定理吗？不敢！1732 年，欧拉算出

$$F_5=641\times6700417$$

所以 F_5 不是素数，后来数学家找到形如 $2^{2^n}+1$ 的 48 个数都是合数。可见若干次实验在数学当中一般未必算是使一个结论成立的根据。

美国数学家波利亚（G. Polya）说："数学家与自然科学家在研究方法上是截然不同的；观察对自然科学家来说是可信的方法，但对数学家来说却并非如此。选择恰当的实例进行检验，这是生物学家肯定猜想规律的唯一方法，但是对于数学家来说，选择恰当的实例进行验证，从鼓励信心的角度来看是有用的，但这样还不能算是数学科学里证明了一个猜想。经验的归纳只能说明所得结论可能成立，但并不能证明它一定可靠。"

对上面的费马数 F_n 是否是素数的问题，你也许会说实验次数太少了，只做了 5 次就下结论，所以出了错，事实上，有的数学命题，做一辈子实验都得出同样结论，仍然不能下结论，例如

$$K_n=(n-1)(n-2)(n-3)\cdots(n-10^{1000})+1$$

实验结果为 $K_1=1$，$K_2=1$，$K_3=1$，…，$K_{10^{1000}}=1$，实验了 10^{1000} 次都是 1，实验次数不可谓不多，写出这些实验结果每秒钟写一个，一辈子也写不完，你能宣布 $K_n\equiv1$ 吗？你看

$$K_{10^{1000}+1}=10^{1000}!+1\neq 1$$

单靠多实验来保证数学结论的正确性可能是靠不住的。

事实上，作为严密科学的数学，它的定理不允许有一个反例。自然科学则不然，例如观察了大量的鸟类都会飞之后，可以得出“鸟类会飞”的结论，不怕驼鸟不飞这一反例的存在，自然科学追求的往往是绝大多数情况下成立的结论。

上面我们讲了许多关于经验归纳在数学中不怎么管用的话，但由经验归纳推广完备起来的数学归纳法却是一种有效的证明方法。事实上，若有一个与自然数有关的命题串 P_n，即欲证 $n=1$ 时，P_1 成立，$n=2$ 时，P_2 成立，…，对一切自然数 n，P_n 皆成立，只需验证开始的少数几个命题 P_1，P_2，P_3，…，P_{k_0} 成立，一般 P_1 成立就够了，这叫归纳法起步，然后假设对于 $n\geqslant k$，P_n 已成立，再通过正确的逻辑推导，在归纳法假设的前提下，证出 P_{n+1} 仍成立，就可保证 P_n 对一切自然数皆成立。这种归纳过程与经验归纳的有限例证有本质区别，数学归纳法是说前面的命题（命题 P_1，P_2，…，P_k）已成立之后，若添加下一个命题，仍然成立，于是，添加下去总能成立，岂不是永远成立这一规律了吗？所以数学归纳法也称为科学归纳法或完全归纳法。

数学证明中还有一种强有力的证法，叫做反证法。故意说在定理的条件下原结论不成立，用正确的逻辑手段找出这一“故意反对”与定理的条件或其他已有事实不相容的矛盾，从而得出在定理条件下，定理的结论不成立不行的欲证结论。这种反证的思想方法在日常生活或自然科学乃至社会科学当中，也多有采用，但那些领域中的反证法与数学当中仍有区别，例如“凡鸟皆飞”这一命题用反证法就不合适，鸵鸟不飞并不能引出矛盾。数学禁止它的定理出现反例，所以数学定理经得起反证的考验。

数学的证明最常见的是从已知通过正确的逻辑判断直接推导出结论的所谓演绎法证明。在对具体问题的证明当中，也可以针对其特点，把演绎、反证、数学归纳联合施用或施用这三种一般方法的变种。

对一个数学定理给出证明，还可以帮助我们理解定理，看透哪个条件的作用大，哪个条件是次要的，是否可以把条件放宽一些，结论是不等式时，是否可以把上界变小一些，把下界放大一些，等等，进而发现改进和推广该定理的思路；或发现原证明方法不够美，设计出更简洁漂亮的证明。

数学证明中的挫折和失败往往引出有价值的数学成果，例如四色猜想，历史上多少名人屡证屡错，但确引出了色交换技术和色多项式等精彩的图论成果。在数学史一个极重大的事件是对欧几里得第五公设的证明，到19世纪，几乎每个大数学家都曾染指于此，无奈大家都失败了，引起大家对第五公设是否是真理的考虑，1759年，法国著名数学家达兰贝尔称欧氏平行公理是“几何原理中的家丑”，数学家M.克莱因则说：“简而言之，欧几里得的著作有着糟糕之极的缺陷。”鉴于上述证明的受阻，数学家们（例如高斯和罗巴切夫斯基）萌生了否定欧氏第五公设重建新几何的念头，非欧几何终于诞生。

非欧几何中用罗巴切夫斯基公理替代欧氏平行公理之后，建立的几

达兰贝尔（D'Alembert，法国，1717～1783）

何系统是相容的，即该系统不存在自相矛盾的结论，但由于长期找不到物质世界的相应模型，以至使其被冷落了一百多年，在这一困难时期，数学界无人相信非欧几何存在物理意义，甚至连对非欧几何的相容性作出了严格论证的 F. 克莱因、凯莱等大数学家仍然认为唯有欧氏空间才是宇宙的基本空间。直到 20 世纪相对论建立并应用了非欧几何，这一危机才得以解决。可见严格的数学证明是必要的，但还要获得实践的接受。不然就有可能被人视为“合乎逻辑的胡说”。

4.5 数学家是些什么人

数学家是指以数学研究为职业，并且在国内外高档学术刊物上至少发表过一篇文章，其中首创至少一条非平凡的定理且给出证明的人，所谓平凡的定理是指从熟知的数学原理作出的简单推论，非平凡的定理就不言而喻了。

作者的同学同事当中不乏成就颇丰的数学家，大家身上有不少共同的气质。他们从各省市重点中学毕业，中学时代语文、数学、物理等科目全面发展，尤其是语文学得比较好，初中毕业时对数学已经发生最浓厚的兴趣，有的还对平面几何发现了几条现在看来是很平凡的，但教科书中没有的定理，使得他们自己很有成就感。他们已经不满足老师在课堂上教授的数学内容，觉得自己的解法比老师的妙，高考时觉得试题偏浅，以满分或几乎满分考入名牌大学的数学系。中学时代喜欢和同学在一起争论数学问题，把数学视为一种竞赛项目，并且逞强好胜，总想在这种比赛中击败别的同学。他们对数学充满好奇心，中学时代到书店里购书，对那些高等数学的书虽然一窍不通，还是买回家看看里面究竟说些什么。如果某次数学考试得不到满分，他们会有一种耻辱感，会不高兴很多天。填报高考志愿时把数学专业写在第一志愿，除了想当数学家之外，没有想过当别的什么人。

人的才智是有差异的，不是什么人都可以成为数学家。从家庭出身来看，大多数数学家出生在中等或贫困的家庭，这些孩子从小就遇到许多艰难困苦，在与其父兄一道千方百计排除困难的岁月当中，养成了不怕艰难和灵活机智的品质，我国著名数学家华罗庚有一句名言：“聪明在于学习，天才在于积累。”那些高官和富翁的子女，虽然有优越的生活条件和社会特权，上学时又雇有不少家庭教师，却很少有成为数学家的。

数学家的成长需要一个尊重知识尊重人才的社会环境。中国的封建皇权专制的政治制度，本质上与科学精神和数学创造相对立，文人们学而优则仕，统治者“罢黜百家，独尊儒术”，而那个智能含量极贫乏的儒术当中是不含半点数学的，现代思想家顾准说：“中国的传统思想，没有产生出科学和民主，中国除了伦常礼教，没有学问，专心知识，探究宇宙秘密不是出路；中国只有道德训条，没有逻辑学，有《周髀算经》，然而上不了台面。”著名数理逻辑学家王浩说：“今日的向钱看正在对整个文化起着强烈的腐蚀作用，与昨日的‘随权转’异曲同工。哥德尔生活的简朴、对荣华富贵的淡漠、做学问的坚韧刻苦、寻找根本原理的矢志不移和锲而不舍，盼望年轻人拿他当一面镜子，学会净化自我，学会在荆棘丛中踏出自己该走的路。哥德尔成功的事实提醒我们，一个人天赋再高，想获得一点真重要真耐久的成绩，必须对外界的诱惑保持清醒的头脑，永不懈怠地埋头苦干，而靠众人的喝彩、神秘的灵感或不诚实的手段根本做不到。正因为唯利是图之风盛极一时，想寻找经久稳固的精神寄托的人们应更执著地追求长远的理想，珍重内在的价值，脚踏实地，为中国和世界文化的发展做一点无负祖先、有功后代的贡献。”

一个数学家越超脱越好。他们对世俗的那一套是超脱的，但他们本质上是热心人，他们对数学及其应用热情最高。他们热心地追求数学的进展，但对人们通常关心的俗事毫不关心，他们在图与数当中找到乐趣，而对消磨时光的争吵和私利失去兴趣。他们每日每时集中全副精力去解决悬而未决的数学问题。非数学家觉得他们是一些怪人，为什么会这么津津有味地折腾那些枯燥无味的推理和计算，数学家也不理解数学中如此精彩的思想和技巧为什么引不起周围群众的兴趣。

不应把数学家看成是人类之中最聪明最有才能的一群人，不少数学家确实机智非凡，但并非所有数学家都聪明机智，事实上数学家的能力主要是逻辑思维能力，如果过分夸大数学家的天才，那是一种误导，会使有志从事数学工作的青少年不敢坚持成为数学家的志向。

数学家的工作方式与实验科学家的工作方式有很大区别，做数学，尤其是纯数学，除了草稿纸和藏书丰富的图书馆之外，不需要别的什么，搞数学的大多数是单枪匹马的数学家；事实上，不在安静的与世隔绝的环境中，很难认真思考数学问题，数学中合作的项目，数量并不少，但通常是参与合作的每人拿出自己独处时搞出的名堂，再把同伙的结果汇集起来，互相启发，进行研讨修正，形成集体的作品。在大学里，则是以讨论班的形式进行数学的合作研究，首先确定研究方向和课题，分头独自研读有关文献，定期轮流报告研读内容和对文献的批评，再分头独自考虑和撰写目标课题的研究成果，最后把研究成果拿出来在讨论会上宣读，彼此听取讨论班中合作者的意见，形成初稿。

世界数学家大会从 1897 年起每四年举行一次，中间因世界大战中断两次，大会参加者逐次增多，各国数学家相聚相叙，报告各自新近的进展，讨论数学当前面临的问题。

数学家的实际有为年龄大约为 25 岁到 45 岁，哈代说“数学是年轻人的游戏”，超过 50 岁之后又开创了一项数学理论者，十分罕见。伟大的数学家牛顿 24 岁发现微积分和万有引力定律，这两项发现是有史以来人类科学与思想史上最伟大的成就，但他 40 岁时自认为自己的创造时期已经结束，40 岁之后牛顿只做了自己已有工作的补充、完善和修改工作，基本上丧失了创造性。很多大数学家，英年早逝，并未影响他们做出里程碑式的大贡献，例如伽罗瓦 21 岁去世，阿贝尔 27 岁去世，拉马努金（印度大数学家）死于 33 岁，黎曼死于 40 岁。如果一位年长的数学家晚年放弃数学研究，对数学和他本人的损失都不会太大；相反地，一个年轻数学家放弃数学工作多年后，又东山再起成了一流数学家者却绝无先例。

退役后的老数学家不少去从事非数学工作，因为他们这时对新的工作是一个十足的外行，往往成效不佳，例如班乐卫（Painleve）是一个不称职的法国总理，拉普拉斯从政后声誉扫地，牛顿凑合着当过一段造币厂厂长，不知中国有无这种类型的事例。

至于数学家的形象，并非个个古板木讷，冷淡内向。事实上，数学家当中幽默机智、能棋善弈、热衷体育者大有人在，他们生活中的热情活跃与他们做数学时的绝对严格、谨慎形成极大反差，如果有人说数学家都是些不知今夕是何年的书呆子，请不要相信，那是谎言。

4.6 数学实验

数学并非实验科学，数学岂能实验？什么是数学实验？它的必要性和可行性如何？

1976 年，美国伊利诺大学的阿佩尔（Appel）和哈肯（Haken）在克齐（Koch）的帮助之下，用计算机证明了数学史上悬挂多年的四色猜想成立。这是 20 世纪科学史上的最重大事件之一，他们用了 100 亿逻辑判断，花了 1200 个机时。计算机的成功开了数学实验的先河，宣告了数学实验的可行性，同时也宣告了数学实验的必要性。设想把这 100 亿个逻辑判断写在纸上，扣除机器不如人聪明，它不会像人那样可以简捷“抄近”地表述和推理，即使把它的过程压缩万倍，也还要一百万逻辑判断，以每个逻辑判断需用两个字写出，则全文共 200 万字，要印出每册 20 万字的书十册，这种超长证明用人的手和脑来完成是不可想像的事，用机器来做这种超长证明是十分必要的，犹如长江三峡水利工程，用肩挑、人扛、锹挖，不用机械施工，很难完成任务。

再如拉姆赛数 r（4，5）＝25 的求得，1993 年美国的拉齐斯佐威斯基和澳大利亚的麦凯用了 96360 个机时，用计算机并行地算得此数，此前，不少有能力的数学家冲击 r（4，5），都未能求出这个准确值，那是必然的，因为这种超长计算，非人手工可以胜任，必须动用计算机群。

所谓数学实验，就是对数学命题（一般是猜想）或计算题目在计算机上进行证明、反驳或运算，或者在计算机上制造数学结构（曲线、曲面或规律），得出新的数学概念或命题（猜想），再用机器加以证明或计算。由于机器的判断与运算速度快，不但会给出那些超长计算与证明的答案，而且会让人见识丰富的数学实例之表演，从中归纳出新的数学规律。数学实验与物理实验等自然科学实验不同。

我国著名数学家吴文俊、张景中、杨路等，用计算机证明初等几何问题的重要课题当中成就斐然，是我国数学家搞数学实验工作的突出代表，破除了“举例子做实验完全不算数学证明”的传统观念。在某些条件下，实例对完成证明是足够的。

对于数学命题，用计算机进行数学实验还是坚持用手笔书写证明，目前仍有争论。

1994 年，美国数学家豪根（J. Horgan）在《科学》杂志发表文章，标题是《证明的终结》，指出计算机正在改变着数学家的发现与证明的方式。他崇尚数学实验和机器证明，批评传统证明方式时，话说得很苛刻，很难听。1993 年，普林斯顿大学的著名数学家维尔斯（A. J. Wiles）在英国剑桥大学的一次数学会议上宣读了他证出费马大定理的论文，这个定理是费马三百多年前提出的：

对于大于 2 的自然数 n，方程

$$x^n+y^n=z^n$$

没有正整数解。

三百多年，众多数学家顽强求证，皆以失败告终，维尔斯竟用手写出了它的证明，它的证明的打印稿长达 200 页。毕达哥拉斯当年发现勾股定理时，他的信徒们不仅热烈欢呼，而且杀牛摆宴相庆。1993 年，当维尔斯宣告证明了费马大定理时，由于一时来不及杀牛造宴，与会者以雷鸣似的掌声表达对维尔斯的赞赏。但豪根却不以为然，他讥讽说："费马大定理的手笔证明是一种正在消亡的文化的最后挣扎。"因为文稿过长，论证艰深难懂，一般数学家难以对其评论和鉴定，豪根说得十分难听："看起来很优美，听起来像是真的。"甚至提出维尔斯"是一位杰出的遗老吗?"的质疑，公开指责那些认为实验数学和计算机证明只是些令人讨厌的东西而并非革新的数学家，他们对维尔斯征服费马大定理感到欢欣鼓舞，认为维尔斯的成就是传统数学的伟大胜利，豪根认为那些传统与现代数学的所有潮流都是格格不入的。

维尔斯对费马大定理的证明是他单枪匹马苦心研究七年的成果，他本人是"为数学而数学"的坚定的信仰者，他声称："我不希望看见数学沦为应用的仆人。费马大定理本身不可能有什么用途。"

数学家当中当然不乏看不起数学实验者，1993 年哈佛大学的数学家贾非（A. Jaffe）指出计算机实验绝不能代替证明。著名数学家霍夫曼（Hoffman）则强调指出："证明是数学家所拥有的唯一实验工具，而现在它却处于被抛弃的危险之中。虽然计算机图形学美妙得令人赞叹，但 60 年代的毒品也曾美妙得令人难以置信，某些人却因此一命呜呼了。"

维尔斯（英国）

坚决赞成数学家实验者的声音似乎更响一些。很多发达国家的科学领导机构，例如美国国家科学基金会一直敦促数学家们更多地参与数学实验领域的研究，普林斯顿高级研究所所长格里菲思（P. A. Griffiths）和英国牛顿数学研究所的阿蒂亚（M. Atiyah）积极鼓动数学家冲出象牙之塔与现实问题融为一体去做数学模型实验。阿蒂亚是 1966 年菲尔兹奖（公认为数学界的诺贝尔奖）得主。很多国家的科研投资正在显著地向数学实验研究项目倾斜。例如明尼苏达大学的几何中心就是一所数学实验中心，它是一座多面体的钢-玻璃大厦，每年从政府得到 200 万美元的科研经费，拥有世界上最杰出的数学家，出版了《实验数学》杂志。事实上，实验方法不是现在才有的新鲜事，当年数学巨匠高斯常常是进行实验性演算之后才构造形式证明的。

不用计算机做数学对下一代人来说是越来越行不通了。在任何一个科学领域，实验工作者都比理论家多得多，数学也会向这个方向发展。高度形式化的证明比数学实验方式给出的直观具体的证明更容易出毛病，维尔斯式的人物不会越来越多，这种数学家不用计算机，只热衷于搞著名猜想的超长证明。

作者所在的中国科学技术大学是国家指定的进行数学实验教学的试点单位，我们开设的数学实验课程受到全校高才生的热烈响应，报名选修者大大超出我们预期的名额，不得不更换成大教室。教学的指导思想是，不把数学视为先验的逻辑体系，而把它看成一门准实验科学，从问题出发，借助计算机这种实验仪器，由学生亲自动手设计实验，体会解决问题的过程，学习、探索和发现数学规律，并学会用机器证明数学问题的思想和一些技术。教学获得了成功，数学实验课被学校评为少数几门“优秀课程”之一。

4.7 各执己见，争吵不休

数学究竟为何物？它的本质，它的基础是什么？关于这些问题，19世纪末已经冒了烟的观点分歧，到了20世纪初，已经演变成白热化的争论。主要派别有三个：

(1) 逻辑主义学派

代表人物：罗素，英国著名逻辑学家和数学家，因抛出罗素悖论挑起第三次数学危机而闻名数学界，他与怀特海合著《数学原理》(三卷本)，论述了其数学观点。

主要观点：“整个纯粹数学所唯一涉及的只是借助于很少的基本逻辑可以定义的概念，其所有命题皆可从这些少数基本逻辑原则中演绎出来。”

在逻辑主义学派看来，数学只不过是没有别的内容只有形式的逻辑体系，罗素甚至明讲：“数学是这样一门学科，在其中我们永远不知道我们所讲的是什么，也不会知道我们所说的是不是真的。”他们的最终目标是把全部数学奠基在逻辑上。

逻辑主义学派的始祖是笛卡儿和莱布尼茨。

笛卡儿（Descarts，法国，1596～1650）

(2) 直觉主义学派（也称构造主义学派）

代表人物：布劳威（L. E. J. Brouwer，1881～1906），布劳威的前辈，德国数学家克隆尼克和法国大数学家庞加莱则是直觉主义的始祖。

主要观点：一切数学必须是构造性的，存在必须是能被构造的。所谓构造性是指经有限步骤可以定义的概念和可以实现的方法，例如两个自然数的最大公约数是存在的，因为它可以在有限步骤之内求得。他们认为“上帝创造了整数，其他的都是人的工作。”“推理是那些不明真理的人用以发现真理的迟钝、愚笨的办法。”他们视直觉是一切真理的源泉。

布劳威否认康托尔所有元素都“一下子”出现的无限集。庞加莱认为：“真正的无限集并不存在，我们所说的无限，只是无论已有多少元素存在，新的元素仍可能存在。”于是，他们否定自然数全体这一概念，否认无理数的存在，甚至连 n 次方程有 n 个根这类基本定理也加以排斥，理由是没有给出有限的算法把这 n 个根构造出来。

如果问直觉主义者如下具体问题：

数字串 0123456789 在 π 的十进制小数的表示中是否出现?

他们会说，这个问题不能讨论，除非你把这个数串从 π 的小数部分上找出来才能说是。

(3) 形式主义学派

代表人物：希尔伯特和库里，但库里说希尔伯特主义与形式主义有别，希尔伯特本人并未自命为形式主义者，不过他的观点与形式主义者合拍，一般仍认为希尔伯特是形式主义的主要代表。

主要观点：公理是一串符号，符号就是数学的本质，数学的真理性在于其公理系统的相容（无矛盾）性。他们提出如下的希尔伯特纲领：

①证明古典数学的每个分支都可以公理化。

②证明每个公理系统中的命题均可在该系统中得到判定。

③证明每个公理系统是相容的。

④寻找可在有限步骤之内判定任一命题可证明的方法。

⑤证明每个公理系统的不同模型是同构的。

在形式主义者眼里，数学是符号和由符号组合或串联而成的命题组，对待数学的最可靠的方法不是把它视为实际知识，而是一种形式上的法则，证明本质上是对一些符号的机械操作，一个公式为真是指这个公式是某串公式中的最后一个，其中每个公式，或为形式系统中的一条公理，或是由其他公式推证出来的。

1928 年，希尔伯特在世界数学家大会上宣布，他将可以解决世界上所有的基础性的数学问题，所有有意义的论述将会被推翻或被证明，不会存在悬而未决的命题。

在19世纪后期到20世纪30年代的50多年的时间里，三派各执己见，争吵不休，指责对方时，话说得很难听，有时甚至发生人身攻击的现象。

例如有一次直觉主义者布劳威访问哥廷根大学，他的演说结束后，一听讲者发问："您认为我们不可能知道π的十进小数中是否会有十个9连续出现。我们也许不可能知道，但上帝知道嘛?"布劳威满不在乎地答道："我无法与上帝联系。"在场的希尔伯特很不客气地对客人布劳威说："按你的观点，现代数学的大部分成果都要被抛弃，但对于我来说，重要的不是抛弃，而是获得更多的成果。"全场听众热烈鼓掌，弄得布劳威下不来台。布劳威从此视希尔伯特为自己的敌人。一次，布劳威与好友（著名代数学家）范·德·瓦尔登到另一朋友家做客，席间当范·德·瓦尔登称希尔伯特为朋友时，布劳威竟愤然起身，拂袖而去!

直觉主义对逻辑主义和形式主义的批评也毫不留情，庞加莱讥讽说："逻辑主义者的理论并非不毛之地，它生长着矛盾。"1925年，布劳威批评形式主义者时说，公理化与形式主义的办法不会得到有数学价值的东西。直觉主义者魏尔（H. Weyl，1885～1955）批评希尔伯特的数学是一种"美妙的符号游戏，但它与认识毫无关系，它不具有表示直观真理的实在意义"。庞加莱则批评说："数学必然会有回归自然的一天，那时必然要将这些纯语言抛弃，不会再被这些空洞的词语所蒙蔽。"

1927年，希尔伯特在他的名著《数学基础》中反唇相讥道："与现代数学的突飞猛进相比，直觉主义者们所取得的那点孤立的结论既不完善也不互相关联，这些可怜的残余算得了什么。"

希尔伯特还严肃批评了逻辑主义者，希尔伯特说，不可能仅仅从逻辑中推导出数学来，数学不是一种逻辑结果，而是一种自然的法则。

庞加莱对形式主义的公理化嘲讽道："为了防备狼，羊群已用篱笆圈起来了，却不知在圈里有没有狼!"指的是罗素悖论出现后，为了排除由罗素悖论引起的第三次数学危机，集合论被公理化，按这种公理系统，禁谈"一切集合组成的集合"，于是圈内不会出现罗素悖论这只狼，庞加莱不信这样公理化之后就一定保证不会再出现悖论与危机之狼，按庞加莱的说法，用公理搭起的栅栏的内部可能也会出现“数学之狼”。

1925 年希尔伯特著文宣称：“在我们曾经历经两次悖论后，头一次是微积分悖论，第二次是集合论悖论，我们不会再经历第三次，而且永远不会。”

作者认为希尔伯特不能严格证明他的乐观是真实的、可信的，而庞加莱“不知圈中有没有狼”的担心倒是值得警惕。

1930 年，希尔伯特发表《数学基础》一文，文中断言：“我力求用这种建立数学基础的新方法达到一个有意义的目标，这种新方法称为证明论。我想把数学基础中所有的问题按照现在提出的形式一劳永逸地解决，换言之，即把每一数学命题都变成一个可以具体表达和严格推导的公式。经过这样治理的数学所推导出来的结果就会无懈可击，同时又能为整个科学描绘一幅合适的景象。我相信我能用证明论达到这一目标。”希尔伯特的这种自信使形式主义者们备受鼓舞。但是，希尔伯特的志向过于宏大了，以至于使他的这段宣誓式的豪言成了科学史上吹得最大的牛皮。就在第二年，美籍奥地利数学家哥德尔发表了《论数学原理中的形式不可判定命题及有关系统》的惊世骇俗的论文，揭开了数学蒙难的潘多拉魔盒。此文的结论对数学的确定性、相容性和完备性是毁灭性的，哥德尔断言：“任何数学系统，只要它含有整数算术，其相容性就不可能采用逻辑原理（公理）而建立”。这对于逻辑主义和形式主义无异于判了极刑。希尔伯特纲领基本破产。哥德尔的理论也宣布一个命题非真即假的排中律不总是可以成立的。他给出的所谓哥德尔命题就是既不能证其真也不能证其伪的怪命题。1970 年，马蒂亚塞维奇（Y. Matijasevec）证明：没有算法能够判定丢番图方程是否有整数解。有谁知道哥德巴赫猜想是不是不可判定的呢？

上述逻、直、形三派之争的原因是各派的头头们（都是对科学贡献巨大的著名数学家）把他们在具体数学问题的研究当中积累的经验过分夸大成整个数学的规律，这些人在抛出这些务虚式的理论时，已经不是他们搞数学的黄金年龄，加之他们在数学界的威望，追随信奉者自然不少，遂形成学派。他们的经验和对数学科学的领悟是人类的宝贵精神财富，每一派之言中都有合理成分，也更有偏激的片面性。如果三派联合再请哥德尔加盟，则会全面得多。至于数学的本质究竟是什么，则是数学科学应该继续研究的永恒主题之一，目前做结论为时尚早。

4.8 数学的非数学障碍

新的数学成果问世，被权威否定，推迟公认的时间，正确的成果反而遭嘲笑受蔑视的现象，在数学史上屡见不鲜，甚至成果的创始人受到人身攻击惨遭不幸之事也确实存在。

首先是来自传统观念的障碍。以非欧几何的发明为例。19 世纪 20 年代，德国高斯、俄国罗巴切夫斯基和匈牙利的亚·鲍耶总结众多大数学家试证欧几里得第五公设失败之经历，认为欧几里得第五公设是不可证明的，于是萌生了建立一种用与第五公设对立的公理为基础的新几何。开始时，高斯称其为“反欧几何”，后来改成比较温和的名称“非欧几何”。

当时关于欧几里得几何是唯一的物理空间的几何，是关于空间的放之四海而皆准的真理，这一观念在人们的心目中根深蒂固，与之相悖的任何思想，即便是出自最伟大的数学家如高斯者，也拒之门外。高斯 1792 年就产生了非欧几何的思想，1817 年独自获得了关于非欧几何的一系列重大发现，这些成果只是写在他抽屉的日记本中或给亲友的信函里，高斯明哲保身，怕因此引起人们的叫喊甚至失去“数学之王”的称誉，至死不敢发表这些重要成果！

1826 年 2 月 23 日，富于革命个性的罗巴切夫斯基在喀山大学宣读了他的非欧几何论文《几何学原理及平行线定理严格证明摘要》，它的问世标志着非欧几何的正式诞生。这篇论文犹如晴天霹雳，使正统派数学家十分惊奇，歪曲、反对和攻击接踵而至。学校委托权威数学家西蒙诺夫、古普费尔和博拉斯曼组成鉴定小组，要求他们对罗的论文做出书面评价。他们是否出于不可告人的动机，始终不写书面评价，连论文原稿也给遗失了！1829 年，罗巴切夫斯基出任喀山大学校长，1832 年，校学术委员会把校长的那篇关于非欧几何的论文呈送彼得堡科学院，科学院委托数学权威奥斯特罗格拉得斯基（1801～1862）院士评审，这位院士不仅对罗的工作不予肯定，反而进行诽谤，奥斯特罗格拉得斯基公开写道：“看起来，作者（指罗）旨在写出一篇使人不能理解的著作，他达到了自己的目的。由此我得出结论，罗巴切夫斯基的这部著作谬误连篇，叙述混乱，因此不值得科学院注意。”紧跟着，人们群起而攻之。1834 年，布拉切克和捷列内等人在《祖国之子》杂志著文讽刺罗巴切夫斯基：“难以理解，罗巴切夫斯基先生为什么对数学中最简明的几何学建立起晦涩的、不可思议的和神秘莫测的学说。为什么他不把黑想像成白的，把圆想像成方的，非常非常可能，尽管理智是不能理解这些的。”又攻击说：“为什么不把标题《几何学原理》写成《对几何学的讽刺》或《几何学漫画》呢?!”罗巴切夫斯基写了反驳文章，投《祖国之子》杂志，该杂志拒绝发表，当时罗巴切夫斯基是何等孤立，由此可见一斑。

同行高斯做何反应？高斯对罗的成果心中有数，确认是正确和伟大的，他曾当着朋友的面私下表示赞许，说罗巴切夫斯基由于非欧几何学上的成就已成为全俄最为卓越的数学家，但高斯做了这一番表态后又悔又怕，请求他的朋友千万不可泄露他对罗的看法。高斯开始努力学习俄语，准备直接研读罗氏原著，但在公开场合，高斯对罗一句好话也不说。在评选哥廷根皇家科学院通讯院士的会议上，高斯亲笔写了推荐通知书，同意罗当选，但对罗的非欧成就却只字不提。

高斯受传统势力的威胁，不能主持正义的另一丑事是如何对待亚・鲍耶的非欧几何成果。鲍的父亲是高斯的同学，也是一位知名数学家，早年费了极大精力，证明欧氏第五公设未获成功。亚・鲍耶受父之传，也埋头去证第五公设，父亲有切身体会，认为证明没有指望能成功，极力阻止儿子去证第五公设。1820 年，亚・鲍耶开始论证“欧氏第五公设不可证”的命题，终于完成非欧几何的创立，并写成论文。父亲把儿子的论文送挚友高斯，请予评论。高斯回信曰：“对你家公子的大作，我不敢称赞，称赞他就意味着称赞我自己。因为其全部内容、方法和结论，差不多与我 30 多年前已得结果完全相同。”从此亚・鲍耶心情沉重，身染重病，1860 年 1 月 7 日，这位才气纵横的数学才子结束了忧伤痛苦的一生。死后葬入无名公墓，在此公墓的记事本上登记说：“此人一生没有什么意义。”有划时代数学贡献者竟被说成一生无意义！

著名数学家康托尔曾如下评论这种因循守旧、世俗保守现象说：一旦一个既定的结论被广泛接受，那么它将不会轻易地被放弃，而且对它越是知之甚少者，对它的迷信越牢固。罗和鲍的著作发表后 30 年左右，

高斯（Gauss，德国，1777～1855）

除极少数几个数学家，几乎所有的人都对其置之不理，视为异端邪说。有些数学家并不否认它的逻辑上的一致性，而另一些数学家甚至认为它必定包含矛盾而毫无价值。

今日，非欧几何已经发展成有理论体系有重大应用的重要数学分支。让我们向为非欧几何的创生而顽强奋斗终生的罗巴切夫斯基和亚·鲍耶致敬！

学术权威的嫉妒与自傲，是又一种学术障碍。在数学史上，一些数学权威，只看到自己对数学的贡献，不相信还有人会在同一领域能做出比自己更光辉的成就。当别人真的做出这方面突出成果时，则采取学阀作风，极力贬低甚至否定人家的成果，对数学的发展起阻碍作用。例如法国年轻数学家伽罗华（Galois，1811～1832），1829 年，年仅 18 岁的伽罗华写出关于一般 n 次方程求解问题的论文，呈送法国科学院，由著名数学家柯西（Cauchy，1789～1857）主审，柯西看不太懂，要求退稿重写。伽罗华改写后再送法国科学院，柯西称自己有病，改由科学院秘书长著名数学家傅里叶（Fourier，1768～1830）主审，然而当年 5 月，傅病逝，在傅里叶的遗物中并未发现伽罗华的稿子，这篇极其重要的论文就这样在这些权威的手里糊里糊涂地遗失了！1831 年，伽罗华写成《关于用根式解方程的可解条件》的重要论文，仍送法国科学院审查，这次由大数学家泊松（Poisson，1781～1840）主审，泊松在评语上轻率地写道："不可理解"，就判了这篇重要成果的"死刑"。1832 年，不满 21 岁的伽罗华死于政治与爱情纠葛的决斗之中。1846 年 9 月，著名数学家刘维尔（Liouville，1809～1882）把伽罗华的遗作整理发表在由自己主编的《数学杂志》上，这时，数学神童伽罗华已经长眠地下 14 个年头了！伽罗华的这些遗作被数学界称为"伽罗华理论"，对代数和其他数学分支的发展起了巨大的作用。

最令人气愤的是老师对学生研究成果的排斥打击现象，例如康托尔与老师克罗内克（Kronecker，1823～1891）的矛盾实为数学史上的丑闻。康托尔在柏林大学读书时，克罗内克已是该校赫赫有名的数学教授。克罗内克发现康托尔关于集合论的科研成果与自己的学术观点有矛盾，便对年轻的康托尔进行激烈的攻击，称康托尔是危险的"数学疯子"，无情刻薄地攻击康托尔达十年之久！康托尔想到柏林大学任教，虽然当时康托尔已是成就颇丰的数学家，是柏林大学难得的人才，但由于克罗内克的阻拦与反对，始终未能出任柏林大学教授，而且康托尔的论文也在克罗内克的阻碍之下一再拖延发表日期，致使康托尔的精神受到极大伤害，经常送精神病院进行痛苦的治疗！直到克罗内克临死时，康托尔才出任了德国数学家联合会主席，并于 1897 年负责筹备苏黎世第一届世界数学家大会。但由于长期受老师克罗内克的迫害，1884 年起不时发作深度忧郁症，最后病死于任教的哈雷大学精神病院。康托尔是在集合论等方面对现代数学发生着最大影响的人物之一。克罗内克为人之师，对康托尔做得也太过分了！

傅里叶（Fourier，法国，1768～1830）

恶劣的政治运动和社会思潮是阻碍数学发展的重要因素。以作者读书的北京大学数学系为例，1957 年反右派运动当中，数学系师生当中许多有贡献的数学家和有天才的同学被错划为所谓右派分子，到大西北等地劳改多年，直至罪恶滔天的文化大革命劫难过后，才得到人权，可以做数学研究。这些矢志献身科学的精英，大部分人对我国的数学事业做出了可观的贡献，有的当选为中国科学院院士，可惜中间 20 年的最佳数学年龄被当权者无端地剥夺了，给我国的数学事业造成极大的损失。1958～1959 年的所谓教学改革，数学系楼道里贴满了“火烧柯家店”“火烧牛家店”等大字报（柯指柯西，牛指牛顿），批判数学科学中的所谓资产阶级思想，同时把学有专长的老教授从讲台上赶下去，给数学教学造成了极大的混乱与损失，致使大批同学的代数、几何、分析等基础课学得极不扎实，至二、三年级，由于基础差使不少同学因考试不及格而被迫退学或“提前毕业”，给这些同学的前途造成不可挽回的损失。

另一个因世道不公阻碍数学发展的实例是中国数学家陆家羲的科研成果在中国20年不予发表，不得不投外国杂志的事件，陆家羲1961年毕业于东北师范大学，逝世前任包头第九中学物理教师。青年时代聪敏而好学，一个偶然的机会，他读到孙泽瀛著的《数学趣引》一书，对书中介绍的“科克曼女生问题”产生浓厚兴趣。1850年数学家科克曼提出如下问题：

“某寄宿学校有15名女生，她们每天每三人一组散步，问应怎样安排组织，使得一周内每位女生与其他女生同一组散步恰一次?”

1961年，陆家羲把自己关于科克曼问题的研究论文寄给中国科学院数学研究所，一年后退稿。

1963年，陆家羲将退回的稿子修改更名后投《数学杂志》，一年后复信建议改投它刊。1965年，陆再次把稿子修改一遍，并投《数学学报》，1966年，他又收到退稿通知，通知上书五个大字：“此文无价值”。接着“十年动乱”，我国教育科技领域人祸重灾，全面瘫痪，陆家羲的论文已无刊可投。

1976年，江青集团灭亡，但极左思潮阴魂未散，1978年和1979年陆家羲两次投稿皆石沉大海，遭到冷遇。

1979年，陆家羲读到1974年出的《组合论》（美哥伦比亚大学出版）杂志，惊闻1971年科克曼女生问题由意大利数学家解决并发表了此项研究论文。事实上，国外的研究结果比陆家羲的结果整整晚了十年！在那种仇视科学、摧残人才的年代，这种可悲的事件并非偶然！

1980年，陆家羲在朱烈教授的帮助下把他六篇关于组合数学的论文投向美国的《组合论》杂志，都是关于所谓“斯坦纳系”的科研成果，科克曼女生问题是“斯坦纳系”的特例。科克曼女生问题有解：

(一) {1，2，3}，{4，8，12}，{5，10，15}，{6，11，13}，{7，

9，14}；

(二){1，4，5}，{2，8，10}，{3，13，14}，{6，9，15}，{7，11，12}；

(三){1，6，7}，{2，9，11}，{3，12，15}，{4，10，14}，{5，8，13}；

(四){1，8，9}，{2，12，14}，{3，5，6}，{4，11，15}，{7，10，13}；

(五){1，10，11}，{2，13，15}，{3，4，7}，{5，9，12}，{6，8，14}；

(六){1，2，13}，{2，4，6}，{3，9，10}，{5，11，14}，{7，8，15}；

(日){1，14，15}，{2，5，7}，{3，8，11}，{4，9，13}，{6，10，12}。

其中{·，·，·}是一个三人组，(一)是指星期一等等，{·，·，·}中的数字是女生的“学号”。

陆家羲投去国外的研究结果是成立的，解决了130余年世界数学界未解决的难题。审稿人加拿大多伦多大学的门德松教授高度评价陆家羲的成就说：“这是世界上20年来组合设计方面最重大的成果之一。”

1983年3月，《组合论》杂志发表陆家羲的三篇论文，1983年4月，《组合论》杂志发表陆家羲的另三篇论文。

陆家羲20年在国内奔走呼号，无人理睬，中国科学成就，首先登在外国刊物上，岂非咄咄怪事！

1983年，中国邀请门德松教授来华讲学，门德松教授吃惊地说：“请我去讲学？你们中国不是有陆家羲博士吗？”在大连全国首届组合数学讨论会上，门德松特地会见陆家羲，并诚恳邀请陆家羲到多伦多大学工作，陆家羲表示感谢，但谢绝说：“我愿留在祖国，继续为组合数学研究做些有益的工作。”门德松教授把多伦多大学的校徽赠陆家羲留念，并邀陆去加拿大讲学。

陆家羲政治清白，学有专长，长期受极左思潮残酷迫害，罪名是“追求名利”“走白专道路”，遣送“五七干校”接受改造，身心受到严重损害。被邀参加学术会议需要自己借钱做路费，还要受到中学领导的阻挠，要自己找到代课老师才能放行。一家四口人，始终挤在十平方米的小房子里生活、科研和学习，唯一的一张桌子让给女儿写作业，他自己趴在土炕上研究世界数学难题。

1983年10月，陆家羲在武汉会议上作大会报告，又要记录其他数学家的报告，返包头途中已有气无力，一到家里实在支撑不住，没说几句话就躺在土炕上睡着了，从此再也没有醒来！一位饱经坎坷的年轻数学家，与世长辞。死后《人民日报》《光明日报》等全国大报都刊登了陆家羲逝世的消息和他的重大的科研成就。包头市和内蒙古自治区政府授予他特级教师称号，《人民日报》发表题为《拼搏二十多年，耗尽毕生心血，中学教师陆家羲攻克世界难题“斯坦纳系”》的专题报道，组合数学会组织“陆家羲学术工作评审委员会”，对他的工作进行全面公平的评价，内蒙古自治区召开表彰大会，授予他自治区科技进步特等奖。1987年，国家科委（现科技部）把陆家羲的成果评为“国家自然科学奖一等奖”，与著名数学家陈景润齐名。

4.9 数学岂能孤立自己

数学本应有应用广泛的品质，但有些数学家一方面说自己研究的东西一定有用，一方面却干些离科学与生活实际越来越远的研究工作。他们的“有用”之说只是一种招牌。正如一个笑话里说的那样：某甲攒了一堆要洗的衣服，抱到街上找洗衣店，终于看到一店铺门前挂着“洗衣店”的招牌，便走进去，把他的衣物放在柜台上，店主吃惊地问：“您这是干什么?”甲说：“我来洗衣。”店主笑曰：“我店不洗衣服。”甲吃惊地问：“为什么您的门前挂有洗衣店招牌?”店主答道：“我们只造这种招牌出售。”即使在所谓应用数学当中，挂这种“洗衣店”式招牌的数学家也大有人在，至于纯数学家，例如芝加哥的数学权威迪克森的口头禅是：“感谢上帝，数论毫无用处。”哈代曾是英国数学界的领袖，一次在他的祝酒词曰：“祝纯数学永无用处。”连招牌都不打了，公然以数学无用而自居。如果所有的数学家都这么主张，数学岂不成了孤立于人世与自然界之外的神曲了?

笛卡儿是最早觉悟的数学家之一，他说：“我决定放弃抽象几何，即放弃仅有智力训练价值的问题，研究另一种以解释自然现象为目标的几何。”可惜大多数数学家从现实的数学模型的研究中抽身，有人甚至认为那是一种不洁净的数学，而专心关注数学自身产生的问题，这等价于他们放弃了科学。事实上，牛顿的微积分恰为研究物理学当中的实际问题而提炼出来的数学模型，数学的历史已证明，与物质科学和世间的事理科学联姻，才是数学繁荣进步的正路和有出息的发展方向。

在数学教育方面，也有一些偏向很令人关心，教授们不仅自己选择那些易于求解的纯数学问题，不敢面向迫切需要数学家解答的实际问题，事实上自然界的精巧和复杂远胜于人的智慧，而且还把一些脱离实际的由数学自身提供的问题定为其博士生的论文题目，以便能及时完成学位论文答辩，把这种数学的孤立性遗传下去。有些数学家和他的弟子们只是将现有的代数、几何与分析当中的具体明确的公式定理等用更一般的、更抽象的新术语新符号重写一下，反而造成了计算与推理的繁琐与不便。它仅仅是一种新的表述，而非新的数学，这样干下去唯一的后果是使数学更加孤立。正确的方向是与其他领域挂钩，从中寻找有价值的问题和研究的动力，正是对自然界的研究当中，才会产生比数学家闭门造车重要百倍的新数学，试看混沌、模糊数学、优选法等大有发展前途的数学分支，哪一个不是起源于数学家与物质科学的互相作用。

如果躲在象牙之塔里，却抱怨真正的应用数学为技术服务的工作噪声干扰了纯数学的高雅艺术，甚至骂搞应用数学者是迟钝的工匠，则实在是自绝于时代。

数学的专门化越分越细也是使得数学走向孤立和死胡同的一种原因。许多数学家在数学王国的一角占据一个席位，不能理解他们的同事在另一角做的数学是什么，甚至彼此连所用的语言与符号都不相识，一篇论文登出来，只有本讨论班的成员能看懂，这还有什么繁荣可言！

当代著名数学物理专家柯朗批评说：“数学不过是一个从定义和假设中抽取的结论组成的体系，只要有一致（相容）性，除此之外数学家可以随心所欲地加以创造，这就蕴含着对科学生命力的一种严重的威胁。如果这样，数学将不会再吸引任何有知识的人，它将是没有动机与目标的定义规则和推理的游戏。”美国数学泰斗伯克霍夫（G. D. Birkhoff）也指出：“我们寄希望于未来，越来越多的物理学家们能够更深刻地认识数学的原理，而数学家们不再把自己局限在数学抽象的美学之中。”物质科学与数学必须要搞联合。

纯数学家中有人公开鼓吹数学孤立主义，他们坚决反对数学被现实的俗物所污染，高高的象牙之塔挡住了其中深居简出的数学家，他们对自己的孤立志得意满。例如哈佛大学的名教授斯通（M. Stone）在他的著作《数学革命》中写道：“从1900年以来，我们对数学的概念或者有关的一些观点已经发生了重要变化，但是真正涉及思想变革的还是发现它是完全独立于物质世界的。数学看来与物质世界并没有必然的联系。毫不夸张地说，这个发现标志着数学史上一个最具意义的智力进步。通过进一步的研究，我们发现，只有把数学与其应用分离开来，才会产生这种新的发展方向，这个方向已成为其旺盛生命力和发展的真正源泉。数学只有脱离过去那种必须束缚于现实的某一方面的状况，才能成为我们用于打碎枷锁的极端灵活的有力工具。”

柯朗对斯通的观点进行了批评，认为他的观点是一个危险的信号，表示不能接受数学的极终目标是“人类理性的光荣”这一陈词滥调。柯朗在肯定数学思维是通过抽象概念来运作的，数学思想需要抽象概念的逐步精练、明确和公理化的同时，严正警告，无视应用将导致整个数学的孤立甚至萎缩。

斯通的观点是错的。冯·诺依曼说：“无可否认，数学上某些最了不起的灵感，那些想象之中纯得不能再纯的数学分支中的最好的灵感，全部来源于自然科学。”冯·诺依曼是阿基米德科学精神的传人。

现代数学的正确方向应该是着重发展那些与现代科学技术背景有关联的、与计算机科学有关联的数学分支，不宜鼓励青年数学家去冲击诸如四色猜想、哥德巴赫猜想之类的经典难题。抽象与理论必须重视，但千万不宜过分强调，甚至以不联系实际为荣。不能使数学成为孤立于社会和自然科学之外的贵族文化。

4.10 数学是一种文化

现在媒体上和民间流传各种名目的所谓“××文化”，诸如“企业文化”“茶文化”“食文化”等，还未见媒体上有称呼“数学文化”者。事实上，数学不但是一种文化，而且是各种文化当中最为高雅、最为重要的文化之一。文化是指人类在社会历史发展过程中所创造的精神财富，文学、艺术、教育和科学都是文化。可见数学确为人类文化的重要组成部分。

从日常的语言文字当中，就可以听见看见数学文化的直观表现，例如很多成语之所以含义深刻就得益于数学，下面略举几例。

①不管三七二十一：3×7＝21是数学规律，不管三七二十一指某人干事不按规律办，有点冒险，很可能出错。

②一不做二不休：在数学中2是1的后继，某人干了一件坏事或傻事，他紧跟着又继续干另一件坏事，第二件事是第一件事的后继和递推。

③一百八十度大转弯：指一个人本来是顺着正半x轴行进，突然转向，沿x轴负半轴的方向行进，意思是他突然把自己的观点主张变成相反的观点主张，两者的方向夹角为180°。

④十拿九稳：指办事成功的概率为0.90，成功的可能极大。

⑤三分治七分养：指病人康复有两种途径，即治疗和休养，两方面的加权数不一致，“治”的权为0.3，“养”的权为0.7，应以正确的休养调理为主。

⑥三年清知府，十万雪花银：揭露所谓清官的真面目，三年的贪污受贿有十万两白银，平均每年贪污受贿100000÷3＝33333.3（两），每天平均贪污受贿100000÷（365×3）＝91.3242（两），即这位知府大人每天搜刮民脂民膏91两3钱白银，此语定量地描述了官僚的腐败程度。

⑦不三不四：模糊数学的表达，意思是指某人不老实。

⑧略知一二：只知道10％至20％，表示自己知之甚少，谦虚之意。

⑨60年风水轮流转：意指世道周期性变化。甲乙丙丁戊己庚辛壬癸为10天干，子丑寅卯辰巳午未申酉戌亥为12地支，10与12的“天地”最小公倍数为60，每60年一轮，例如，2000年是“庚辰年”，2060年必亦为庚辰年。中国的《易经》，甚至民间的封建迷信算命活动之中也有数字文化的参与。

另外，音乐上的“简谱”用数学1（都）234567来写；家居的门窗等都造成轴对称形，等等，也都渗透着数学文化的踪影。

数学与人类文明同生共存、相依为荣的现象俯拾即是，整体人类文

阿基米德（Archimedes，古希腊，公元前 287～公元前 212）

化当中处处含有数学文化的内容。一点数学都不懂的人必然没有文化，每年高校招生，考文科的同学也必考数学，可见数学文化对社会科学和文学艺术也是重要的基础。一个人欲使自己具有深邃的文化修养，数学是他的必修课。

当今社会日趋数学化，随着人类生活质量的提高，生产力的发展和科学文化的进步，数学文化迅速介入一切领域，高技术实则为一种数学技术，即指把现实问题转述成一个相应的数学问题，且用计算机加以解决或用数学理论定性定量地加以研究，得出那个现实问题的定量结论或重要属性。一门科学现代化的水平近似地可以用该学科的研究与表述当中所消耗的数学含量来度量。一门学科，哪怕是社会科学，如果它的数学含量短缺，则它面临着两种前途，要么被淘汰，要么加速数学化，例如经济学、社会学已经开始数学化，且初见成效。

数学不仅仅是为科学服务的“伙计”，数学、自然科学和社会科学是三个互相促进互相渗透的“伙伴”和朋友，数学既是科学的皇后，也是科学的武器。相对而言，现代数学文化处于人类文化的极高层次，数学在近代人类文化当中是有优势的，主要依靠其准确性、严密性、抽象性和应用的广泛和无孔不入而取得了优势，加之它证明中逻辑推理的简洁有力和问题的趣味性，从而具有美学意义下的艺术性和诱人魅力。

数学文化中所使用的数学语言是高级形式的语言，它具有绘画与音乐那种全球性，甚至有人猜测它可能具有超越地球文化的广度，所以在探索是否有外星人存在时，发往宇宙的呼唤信息当中，就有意发出了数学符号和公式，企图求得知音。由于数学是表述宇宙的语言，若真有外星人，或许他们能听懂这种数学语言。数学语言中有些有趣的符号，例如

$\urcorner$：非，例如 $\urcorner(1=2)$，表示 $1\neq 2$。

$\wedge$：与，例如 $(x\leqslant 100)\wedge(x\geqslant 100)$，表示 x 不大于 100 也不小于 100，只有 $x=100$。

$\vee$：或，例如 $(x=1)\vee(y=1)$，表示 x 与 y 中至少有一个是 1。

$\Rightarrow$：如果……，则……，例如 $\theta=\frac{\pi}{2}\Rightarrow\sin\theta=1$，表示如果 $\theta=\frac{\pi}{2}$，则 $\sin\theta=1$。

$\Leftrightarrow$：当且仅当，例如 $x^2=1\Leftrightarrow(x=1)\vee(x=-1)$，表示 $x^2=1$ 当且仅当 $x=1$ 或 $x=-1$。

$\forall$：对任意给定的；$\exists$：存在；$\ni$：使得，例如，$\forall x\in\mathrm{R}$，$\exists y\in\mathrm{R}$，$\ni x+y=0$，表示对任意给定的实数 x，存在实数 y，使得 $x+y=0$。

数学语言符号化，精确化程度高，没有日常用语中的歧义现象。

用数学语言写成的同一个数学模型可以刻画自然界和人类社会中许多不同的变化，数学文化统一着自然与社会的规律。例如数学模型

$$\begin{cases}x+y=100\\4x+2y=300\end{cases}$$

表示：“鸡兔同笼，其头共 100 只，其足共 300 只，求鸡兔各几只?”也可以表示“300 元钱买来 100 支笔，其中钢笔每支 4 元，圆珠笔每支 2 元，问钢笔圆珠笔各几支?”等等。

数学文化无阶级性，不会出现某些内容因为改朝换代而废除的现象。在社会科学乃至某些自然科学当中，一代人抛弃前代人建立的理论的现象司空见惯，数学当中则是下一代人更上一层楼。

数学文化是一个人整体文化素质的重要标志。它使人说话办事条理清楚，逻辑严谨，符合理性标准，守时守约，具有准确可靠的品质。一个社会，如果多数国民的数学文化修养太低，人们心中无数，办事不守信用，言行不合规矩，经营不知得失，那么这个社会绝不会繁荣。为什么在经商中文化程度高的人容易赢利致富，一个重要背景是这些人有数学头脑，是数学中的运筹优化观点和风险观点等在起作用。

在自然科学当中数学文化起着车马桥舟的作用，在科学史上受惠数学得到成功的事件数不胜数，例如丹麦伟大的天文学家第谷十余年食宿山头，日夜观测天象，积累了巨量的天文数据，可叹至死未找出星辰运行规律的准确公式。第谷去世后，弟子开普勒接过师长的宝贵资料，进行数学分析和推理，终于得出第谷梦寐以求的行星运动三大定律。行星运动三大定律是人类科学史上最重大的成就之一，是数学文化与实验科学联姻哺育的天文学长子。科学史上第二个精彩事例是英国的亚当斯和法国的勒维烈通过复杂的数学分析与推理，预报了当时尚无人所知的一颗行星的存在，且明确预报了这颗星必于何时出现于何处，结果人们果然在其时其地观测到了这颗星的出现，这颗星就是今日所称的“海王星”，是太阳系的第八颗行星；数学文化，叹为观止！

数学文化在人类科学技术和精神文明中的作用，不论怎么估计，也不会过分。

由于数学文化需要经过艰苦勤奋的学习才能获得，不肯动脑动手的人难以修成，外表又不似电视小说等别样文化那般通俗易懂，声色俱全，加之搞数学的人大都清苦贫寒，无职无权，容易被崇拜权钱的庸人所不敬，所以目前具有数学文化修养者并不占国民之多数，古今中外，都是如此，不怪大数学家 P. R. 哈尔莫斯感叹道：“甚至受过教育的人们，都不知我的学科的存在，这使我感到伤心！”数学是看不见的文化。

卷末寄语

本书向读者展示了离散数学及混沌、危机和思想诸方面的内容，其中有趣的问题、强有力的逻辑和深刻的数学思想，实在令人陶醉；同时还介绍了数学史上处于领袖地位的多位数学家的传记与贡献，使我们做人做学问有了榜样。囿于本书对读者的定位，我们只能用＋－×÷来讲数学，所以讲出的远非数学科学的全貌，不过我们已经从中领略了数学之美妙、深刻、严谨和有用。

书中介绍的数学名题，给出解答者，我们当然要尽情欣赏；未被解答者，例如哥德巴赫猜想、$3x+1$ 问题等，奉劝读者千万不要轻率地向这些大问题挑战，不能盲目冲击这些老大难的问题而走入盲目自信的误区。这些问题都经受过众多大数学家的长期研究仍不得其解，其难度可能比人们估计得还要大。读者应该把学习研究的内容限制在力所能及的范围之内。

至于数学思想与数学文化的内容，本书只是粗浅介绍了一些可以言之成理的观点，也许只能算一家之言，读者尽可以以批判的精神思辨之。事实上，科学的最基本的精神就是批判，最基本的态度就是疑问。数学是严肃的、求实的，它是人类文化中最进步的因素之一，它超越民族与国界，超越党派与信仰，原则上不隶属于任何哲学，它只隶属于人类进步的科学文化。

当然，数学并非是真理的化身、科学的皇后，也不是精确论证的顶峰和关于宇宙设计的真理。本书讲的混沌、模糊，以及几次数学危机和哥德尔不可判命题已经宣布数学的确定性不是绝对的，它的确定性在一定条件下可能丧失。

本书对具体数学问题的选取，除了要有趣之外，主要是向有用倾斜，作者不是“为数学而数学”的唯美数学观的拥护者，作者认为一个数学分支不能引起除了本分支的任何别人的兴趣时，它怕是要僵死了。事实上，每个数学分支中的第一批问题往往是从经验中提取的，是由外部现实世界中产生的，数学在工业社会当中，在信息社会当中，都扮演着举足轻重的实用角色，我们的现实世界已经“不可一日无此君”了。笛卡儿有名言曰：“一切问题都可以化成数学问题。”诺依曼直言：“数学中一切最好的灵感，甚至人们可以想象的最纯的数学中的灵感，都是来自自然科学的。”他还说：“数学方法入侵自然科学的理论部分，并在那里起主导作用。”在社会科学当中，许多重要的分支，例如经济学，已经发展到不懂数学的人望尘莫及的阶段。最伟大的数学家如阿基米德、牛顿、欧拉和高斯等，总是以同等的重要性把数学理论与实用统一起来。事实上，没有什么科学文化比数学更卓越更有用。数学是自然科学的保姆，一个国家的科学发展水平，可以用它使用的数学的质与量来衡量，一个数学不发展的国家岂能强大？中国有良好的数学传统，祝愿中国成为 21 世纪的数学强国，进而成为综合国力领先的世界强国。

当今数学发展极快，数学已有近百种分支，每年有几万篇的数学论文发表，非数学家对这些新成果颇感难懂。数学已经是一个巨大的、复杂的知识文化体系，急需向非数学专业的人们传播普及数学的内容、思想和方法，可惜在向广大群众进行科普时，和理、化、天、地、生各专业的科学家相比，数学家最为难，名列倒数第一，这可能与数学的符号术语不通俗、内容太抽象有关。本书是数学科普的一种尝试，在写作的知识面和表述方式上斗胆做了一些试验，企图用既通俗又准确的语言把众多有趣有用的数学问题讲明白，不知是否能够如愿。

愿读者人人喜欢数学，通过数学学习，个个机敏有为，从数学素质的培养当中获得非本能的智慧和科学与生活的灵气。

参 考 文 献

贝勒 A H. 1998. 谈祥柏，译 . 数论妙趣——数学女王的盛情款待 . 上海：上海教育出版社
李尚志，王树和，等 . 1996. 数学模型竞赛教程 . 南京：江苏教育出版社
李文林 . 1998. 数学珍宝——历史文献精选 . 北京：科学出版社
刘华杰 . 1996. 混沌之旅 . 济南：山东教育出版社
鲁又文 . 1984. 数学古今谈 . 天津：天津科技出版社
洛伦兹 E N. 1997. 刘式达等，译 . 混沌的本质 . 北京：气象出版社
马丁 · 伽德纳 . 2000. 陈为蓬。译，萨姆 · 劳埃德的数学趣题 . 上海：上海科技教育出版社
让 · 迪尼多内 . 1999. 沈永欣，译 . 当代数学——为了人类心智的荣耀 . 上海：上海教育出版社
施琴高兹 . 1982. 王宝霁，译 . 数学 100 题 . 北京：科学普及出版社
台湾科普文选 . 1982. 北京：科学普及出版社
谈祥柏 . 1996. 数：上帝的宠物 . 上海：上海教育出版社
谈祥柏 . 1996. 谈祥柏科普文集 . 上海：上海科学普及出版社
王树和 . 1990. 图论及其算法 . 合肥：中国科学技术大学出版社
王树和 . 1997. 数学模型基础 . 合肥：中国科学技术大学出版社
王树和 . 1998. 微分方程模型与混沌 . 合肥：中国科学技术大学出版社
王树和 . 1999. 从哥尼斯堡七桥问题谈起 . 长沙：湖南教育出版社
王树和 . 2001. 离散数学引论 . 合肥：中国科学技术大学出版社
王树和 . 2002. 数学素质强化训练 . 合肥：安徽科学技术出版社
王树和 . 2003. 数学思想史 . 北京：国防工业出版社
王树和 . 2004. 图论 . 北京：科学出版社
王树和 . 2005. 数学百家 . 北京：国防工业出版社
王树和 . 2008. 数学模型选讲 . 北京：科学出版社
王树和，侯定丕 . 2000. 经济与管理科学的数学模型 . 合肥：中国科学技术大学出版社
徐品方 . 1992. 数学简明史 . 北京：学苑出版社
杨路，张景中，侯晓荣 . 1996. 非线性代数方程组与定理机器证明 . 上海：上海科技教育出版社
朱学志 . 1984. 数学史数学方法论 . 哈尔滨：黑龙江林业教育学院出版社